上海市高等教育学会设

环境设计
可视化

刘雅婷 程宏 刘敏 编著

中国电力出版社
CHINA ELECTRIC POWER PRESS

内 容 提 要

本书包含设计理论、设计实践和项目解析三大部分。第一部分为设计理论，包括环境设计可视化概论与环境设计可视化类型，主要阐释了可视化图纸表达如何作为有效的思考手段，在设计的各个阶段协助方案推敲及最终成果的呈现。第二部分为设计实践，重点讲解实践过程中常见的图纸类型，包括场地分析类、设计概念生成类、设计功能推演类和设计成果表达类分析图，讲解了它们的制作方法与技巧，以及绘制图纸所要遵循的原则和注意事项。第三部分为实践项目解析，通过对住宅、小型建筑、景观设计三类环境设计典型实例进行分析解读，归纳总结环境可视化图式表现经验，以及在实践中检验其对于设计过程推动、设计成果表达的重要作用。

本书可作为高等院校室内设计、建筑设计、风景园林等专业的教材，也可作为室内设计、风景园林、建筑设计等专业技术人员的参考书目，帮助师生及从业者提升设计思维和表达能力。

图书在版编目（CIP）数据

环境设计可视化／刘雅婷，程宏，刘敏编著．—北京：中国电力出版社，2024.8
高等职业院校设计学科新形态系列教材
ISBN 978-7-5198-8938-8

Ⅰ．①环… Ⅱ．①刘… ②程… ③刘… Ⅲ．①环境设计－高等职业教育－教材 Ⅳ．① TU-856

中国国家版本馆 CIP 数据核字（2024）第 105501 号

出版发行：中国电力出版社
地　　址：北京市东城区北京站西街 19 号（邮政编码 100005）
网　　址：http://www.cepp.sgcc.com.cn
责任编辑：王　倩（010-63412607）
责任校对：黄　蓓　于　维
责任印制：杨晓东

印　　刷：北京瑞禾彩色印刷有限公司
版　　次：2024 年 8 月第一版
印　　次：2024 年 8 月北京第一次印刷
开　　本：787 毫米 ×1092 毫米　16 开本
印　　张：9.75
字　　数：293 千字
定　　价：58.00 元

高等职业院校设计学科新形态系列教材

上海市高等教育学会设计教育专业委员会"十四五"规划教材

丛书编委会

序一

党的二十大报告对加快实施创新驱动发展战略作出重要部署，强调"坚持面向世界科技前沿、面向经济主战场、面向国家重大需求，面向人民生命健康，加快实现高水平科技自立自强"。

高校作为战略科技力量的聚集地、青年科技创新人才的培养地、区域发展的创新源头和动力引擎，面对新形势、新任务、新要求，高校不断加强与企业间的合作交流，持续加大科技融合、交流共享的力度，形成了鲜明的办学特色，在助推产学研协同等方面取得了良好成效。近年来，职业教育教材建设滞后于职业教育前进的步伐，仍存在重理论轻实践的现象。

与此同时，设计教育正向智慧教育阶段转型，人工智能、互联网、大数据、虚拟现实（AR）等新兴技术越来越多地应用到职业教育中。这些技术为教学提供了更多的工具和资源，使得学习方式更加多样化和个性化。然而，随之而来的教学模式、教师角色等新挑战会越来越多。如何培养创新能力和适应能力的人才成为职业教育需要考虑的问题，职业教育教材如何体现融媒体、智能化、交互性也成为高校老师研究的范畴。

在设计教育的变革中，设计的"边界"是设计界一直在探讨的话题。设计的"边界"在新技术的发展下，变得越来越模糊，重要的不是画地为牢，而是通过对"边界"的描述，寻求设计更多、更大的可能性。打破"边界"感，发展学科交叉对设计教育、教学和教材的发展提出了新的要求。这使具有学科交叉特色的教材呼之欲出，教材变革首当其冲。

基于此，上海市高等教育学会设计教育专业委员会组织上海应用类大学和职业类大学的教师们，率先进入了新形态教材的编写试验阶段。他们融入校企合作，打破设计边界，呈现数字化教学，力求为"产教融合、科教融汇"的教育发展趋势助力。不论在当下还是未来，希望这套教材都能在新时代设计教育的人才培养中不断探索，并随艺术教育的时代变革，不断调整与完善。

同济大学长聘教授、博士生导师
全国设计专业学位研究生教育指导委员会秘书长
教育部工业设计专业教学指导委员会委员
教育部本科教学评估专家
中国高等教育学会设计教育专业委员会常务理事
上海市高等教育学会设计教育专业委员会主任

2023年10月

序
二

　　人工智能、大数据、互联网、元宇宙……当今世界的快速变化给
设计教育带来了机会和挑战，以及无限的发展可能性。设计教育正在
密切围绕着全球化、信息化不断发展，设计教育将更加开放，学科交
叉和专业融合的趋势也将更加明显。目前，中国当代设计学科及设计
教育体系整体上仍处于自我调整和寻找方向的过程中。就国内外的发
展形势而言，如何评价设计教育的影响力，设计教育与社会经济发展
的总体匹配关系如何，是设计教育的价值和意义所在。

　　设计教育的内涵建设在任何时候都是设计教育的重要组成部分。
基于不断变化的一线城市的设计实践、设计教学，以及教材市场的优
化需求，上海市高等教育学会设计教育专业委员会组织上海高校的专
家策划了这套设计学科教材，并列为"上海市高等教育学会设计教育专
业委员会'十四五'规划教材"。

　　上海高等院校云集，据相关数据统计，目前上海设有设计类专业
的院校达60多所，其中应用技术类院校有40多所。面对设计市场和设
计教学的快速发展，设计专业的内涵建设需要不断深入，设计学科的
教材编写需要与时俱进，需要用前瞻性的教学视野和设计素材构建教
材模型，使专业设计教材更具有创新性、规范性、系统性和全面性。

　　本套教材初次计划出版30册，适用于设计领域的主要课程，包括
设计基础课程和专业设计课程。专家组针对教材定位、读者对象，策
划了专用的结构，分为四大模块：设计理论、设计实践、项目解析、
数字化资源。这是一种全新的思路、全新的模式，也是由高校领导、
企业骨干，以及教材编写者共同协商，经专家多次论证、协调审核后
确定的。教材内容以满足应用型和职业型院校设计类专业的教学特点
为目的，整体结构和内容构架按照四大模块的格式与要求来编写。"四
大模块"将理论与实践结合，操作性强，兼顾传统专业知识与新技术、
新方法，内容丰富全面，教授方式科学新颖。书中结合经典的教学案

例和创新性的教学内容，图片案例来自国内外优秀、经典的设计公司实例和学生课程实践中的优秀作品，所选典型案例均经过悉心筛选，对于丰富教学案例具有示范性意义。

本套教材的作者是来自上海多所高校设计类专业的骨干教师。上海众多设计院校师资雄厚，使优选优质教师编写优质教材成为可能。这些教师具有丰富的教学与实践经验，上海国际大都市的背景为他们提供了大量的实践机会和丰富且优质的设计案例。同时，他们的学科背景交叉，遍及理工、设计、相关文科等。从包豪斯到乌尔姆到当下中国的院校，设计学作为交叉学科，使得设计的内涵与外延不断拓展。作者团队的背景交叉更符合设计学科的本质要求，也使教材的内容更能达到设计类教材应该具有的艺术与技术兼具的要求。

希望这套教材能够丰富我国应用型高校与职业院校的设计教学教材资源，也希望这套书在数字化建设方面的尝试，为广大师生在教材使用中提供更多价值。教材编写中的新尝试可能存在不足，期待同行的批评和帮助，也期待在实践的检验中，不断优化与完善。

丛书主编

2023年10月

前言

　　环境设计的核心是在解决空间实用功能的同时提升环境的美感，其过程贯穿着客观逻辑的分析表达和主观感性的艺术表现。随着信息交流的复合化，环境设计作品的呈现方式由以往的技术图纸模式化输出逐渐发展为对环境空间中各要素系统性、全方位的分析和表达。但是，目前在环境设计专业的教学内容中对设计进行分析的内容较为欠缺，而充满逻辑性的可视化表达是在设计过程中有效描述、分析和解决问题的关键所在。本书坚持理论与实践相结合的原则，将环境设计可视化的基本理论与设计工程实例相结合，融入环境设计可视化的最新理念，梳理环境设计专业软件操作出图工作流程，对概念生成、设计推演、成果表达的过程及方法予以论述，以供环境设计以及相关领域的师生交流学习，共同推进数字时代下环境设计可视化表达范式的发展。

　　本书分为设计理论、设计实践和案例分析三大部分。第一部分为设计理论部分，主要阐释了可视化图纸的类型的发展历程。第二部分为设计实践部分，讲解了环境设计实践过程中常见的图纸类型的制作方法与技巧。第三部分为实践项目解析，对居住空间、建筑、景观设计三类环境设计典型实例进行分析解读。本书了运用了现代信息技术创新教材呈现形式，采用"纸质教材+数字资源"的方式，配备丰富的拓展学习资料，以二维码的形式为学生提供可看可感的学习体验，激发学习兴趣，书籍排版融入设计专业特点，展现专业之美，潜移默化地进行美育。

本书由上海杉达学院刘雅婷、上海电子信息职业技术学院程宏和上海工商外国语学院刘敏编写。本书在编写过程中引用了相关文献和图片资料，在此向其作者表示衷心感谢。同时，感谢本书编写和出版过程中出版社的王倩编辑老师及相关工作人员给予的帮助和支持。由于编者能力有限，本书尚有不足之处，恳请专家、同行与广大读者批评指正！

编者
2024年7月

目 录

环境设计可视化理论

第一部分

第一章　环境设计可视化概论

第一节　环境设计可视化的概念

　　环境空间是人类生存活动的场所，人类的一切活动都是在室内外环境中进行的。环境设计是一门应用型、交叉型的学科，设计师的创意思维不是艺术家纯艺术的幻想，而是把创意思维利用科学技术使之转化为能满足人们生活需求的环境设计表现形式。这就需要把创意思维加以视觉化。这种把想象转化为现实的技法，是一种运用设计专业的特殊语言，即环境艺术设计可视化表现。

　　随着科学技术的发展，环境设计的可视化表现形式从传统的手绘设计表现逐渐过渡到电脑辅助可视化表现，并开始向虚拟现实表现等方向发展。环境设计可视化的范畴很广，通常来说，概念草图、概念方案、CAD图纸、平面剖面图、计算机三维模型、效果图、分析图、文本标书、展板、实体模型、动画视频、VR影像展示等都可归为环境设计可视化的表现形式。

一、手绘表现

　　手绘表现是将设计内容用徒手绘图的方式，应用透视原理让画面以较为接近真实三维效果的状态展现出来。使用的工具主要是铅笔、钢笔、针管笔、马克笔、喷笔（油漆）及水性颜料、油性颜料等。手绘表现分为快速表现和完整表现。快速表现也称为设计草图，主要用于表现设计师的思路和创意，是设计师思维发展过程的体现。但是，手绘效果图制作时间比较长，而且出现错误时不易修改，资料保存也比较困难。

二、计算机辅助设计可视化表现

　　随着科技的进步，计算机技术飞速发展。计算机辅助设计可视化能够减少设计人员的劳动，缩短设计周期和提高设计质量，更为准确地将设计作品真实地表现出来，也更方便对设计进行修改，设计资料也能更系统地得到管理和使用，相对于手绘表现来说更有效率。

　　虽然计算机辅助设计可视化有如此多的优点，但也并非完美。首先艺术感染力不如传统手绘表现，在概念性草图的绘制方面也不够灵活、方便，软件工具不是随处可取。其次对于一些大场景和复杂空间的表现方面，计算机辅助设计对计算机硬件配置的要求较高，要做到精确完美的可视化效果通常需要花费较多时间。下面将介绍计算机辅助设计可视化表现的形式。

（一）CAD图纸

CAD图纸是通过AutoCAD软件制作工程项目总体布局、建筑物的外部形状、内部空间布置、结构构造、内外装修、材料做法以及设备、施工等的一种图示表现形式。CAD图纸又分为设计图纸和施工图纸，设计图纸内容相对简略，CAD施工图则具有图纸齐全、表述准确、要求具体的特点，是进行工程施工、编制施工图预算和施工组织设计的依据，也是进行技术管理的重要技术文件。

（二）计算机三维模型

计算机三维模型是利用三维建模软件在计算机上将设计师设想的空间再现出来的过程。建模过程也包括体现物体表面或材料性质，增加纹理、凹凸和其他特征。模型类型可分为：实体建模、曲面建模、多边形建模。建模软件主要有3DMAX、SketchUp草图大师、CINEMA4D（C4D）、Rhino（犀牛）、Maya、REVIT、ZBrush等。建立计算机三维模型是设计流程的必要步骤，不管是后期的效果图渲染还是分析图的制作，都需要使用模型（图1-1）。

（三）计算机效果图

计算机效果图，指通过计算机三维仿真软件技术将平面图纸三维化、仿真化，来模拟真实环境的高仿真虚拟图片，以检验设计方案是否合理或进行项目方案推敲。计算机效果图可以较准确地表现真实的空间和物体的材质和质感，能看到完成后的真实效果并进一步帮助方案的推导（图1-2）。

图1-1　计算机三维模型

图1-2　计算机效果图

目前主要的效果图渲染软件和插件有：LUMION、ENSCAPE、VRAY、TWINMOTION、CORONA、MAXWELL等，还有一些网页版或云平台类型的软件工具，如酷家乐、三维家、爱福窝、设计家等。

（四）分析图

分析图是环境设计表达中必不可少的一部分，是设计理念、设计过程的可视化，可以对设计成果的合理性进行检验。分析图的绘制和表现是设计师工作的重要组成部分。在环境设计领域，分析图的定义为：针对内容复杂、难以形象表述的项目，先充分理解、系统梳理，再使其视觉化，通过图形简单清晰地呈现出内部关联的图纸。绘制分析图不仅可以帮助设计者发现问题、理解用户需求、分析现状和得出结论，而且能够让设计者从复杂繁琐的现状中清晰地看到问题的本质，促进设计者梳理问题间的逻辑关系。

（五）环境设计动画视频

环境设计动画视频指为表现环境及空间相关活动所产生的动画影片，让观众直观体验空间感受。环境设计动画视频一般根据设计图纸在专业的计算机上制作出虚拟环境或空间，有地理位置、建筑物外观、空间内部、园林景观、配套设施、人物、动物、自然现象，如风、雨、雷鸣、日出日落、阴晴月缺等都是动态地存在于环境中。环境设计动画视频应用最广的是房产项目的广告宣传、工程投标、建设项目审批、环境介绍、古建筑保护、古建筑复原等。可以用来制作环境设计动画视频的软件工具有LUMION、ENSCAPE，视频剪辑编辑软件有AdobePremiere（PR）、AdobeAfterEffects（AE）、会声会影等。

三、实体模型表现

实体模型介于平面图纸与实际立体空间之间，是一种三维的立体表现形式，即使用易于加工的材料依照设计图样或设计构想，按缩小的比例制成的样品（图1-3）。初步设计即方案设计阶段的模型，称为工作模型或概念模型，制作可简略些，以便加工和拆卸。完成初步设计后，可以制作较精致的模型——展示模型或标准模型，供审定设计方案之用。展示模型不仅要求表现空间或建筑接近真实的比例、造型、色彩、质感和规划的环境，还可揭示重点内部空间、室内陈设和结构构造等。

实体模型既可以用作设计创作的推敲过程，也可以直观地体现设计意图，弥补图纸在表现上的局限性。它既是设计师设计过程的一部分，同时也属于设计可视化的一种表现形式，被广泛应用于学校教学与实践、城市建设、房地产开发、商品房销售、设计投标与招商合作等方面。实体模型为以其特有的形象性表现出设计方案之空间效果，广泛用于国内外环境设计、规划或展览等多个领域。

图1-3 建筑模型   图1-4 虚拟现实辅助展示

四、虚拟现实展示

虚拟现实技术可展示虚拟的环境，使人产生身临其境之感，设计师、客户、管理部门通过虚拟现实基础辅助进行环境设计，对最终设计可起到辅助决策的作用。虚拟现实展示是多种技术的综合运用，具体包括：实时三维环境展示技术、合成和立体显示技术、传感交互技术、系统集成技术。作为环境设计的可视化形式之一，虚拟现实技术的使用越来越广泛，功能也越来越强大，特别是数字化城市和虚拟空间领域，以更方便、直观、快捷等特点，成为城市规划管理和设计师们展现理念的有力工具，虚拟现实展示技术势必会成为环境设计的主流表现形式（图1-4）。

第二节　环境设计可视化的发展历程

图纸是设计师与他人沟通的媒介，也是设计师用来表达设计思想的语言。在环境设计中，设计师经常使用图纸来构思空间形态，所以可视化设计思维一直受到广大设计师的关注。可视化设计的方法在世界设计史上出现很早，如"文艺复兴三杰"之一的达·芬奇就经常使用可视化设计的思考方式进行建筑设计，随后的建筑大师们如勒·柯布西耶、迈耶、阿尔瓦·阿尔托、卒姆托也都采用可视化设计的方式表达设计意图。

与环境空间设计相关的可视化图纸首次出现在公元前一世纪古罗马奥古斯都·凯撒帝时期，建筑工程师维特鲁威（Vitruvius）在其撰写的《建筑十书》中整理并总结了大量各种类型空间的图示图纸，还绘制了著名的"维特鲁威人"图纸（图1-5）。他说："最和谐的比例存在于人体，人体是最美的，因此建筑应该仿照人体各部分的比例关系。"维特鲁威根据男女人体的比例，阐明了多立克柱式和爱奥尼柱式的不同的艺术风格，对后世影响深远。

我国已发现的最早的设计图纸是战国时期中山国的《错金银铜版兆域图》，为中山王厝陵区建筑规划图。图上共标有各种文字注记33处，数字注记38处，金文四百余个。图上所有线条符号及文字注记均按对称关系配置，推算比例尺为1：500（图1-6）。

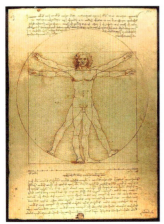

图1-5 "维特鲁威人"图纸

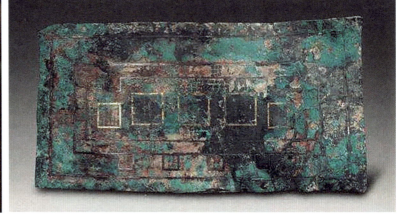

图1-6 《错金银铜版兆域图》，战国

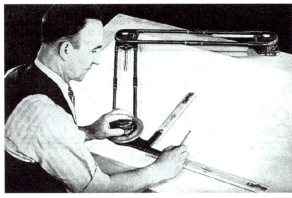

图1-7 通用绘图仪

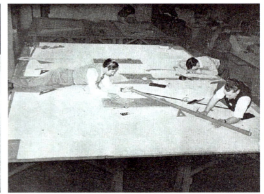

图1-8 20世纪50年代的制图工作现场

18世纪后期，工程制图开始迅速发展。随着19世纪工业革命的发展及通用绘图仪的发明，工程制图的发展速度进一步提升（图1-7）。早期的工程图通常都是艺术品，是一种少数人能够掌握的技艺。除了工程绘图有难度外，设计过程本身也很复杂，仅是绘图就要损耗大量纸张，十分耗费时间与精力（图1-8）。

新艺术运动是在西方工业化生产技术条件已经日趋完备的基础上，对批量生产的艺术品提出了更高的设计要求，具体方式则是从手工艺时代的艺术品中寻找美学价值。此时日本浮世绘艺术传入欧洲，作为遥远东方的手工艺品大受欢迎。图1-9从左到右分别是桃花坞年画、日本浮世绘和新艺术时期穆夏的插画，这三者对线条的刻画和云朵的描绘都有非常明确的透视关系，属于早期的手绘景观、建筑效果图。

19～20世纪初，建筑师开始使用由改良版绘图架发展而来的绘图机（图1-10）。这一绘图机可以倾斜和提升，能在倾斜的工作面上绘图。学校里的教学用具也顺应发展，在专业教室提供带有一定坡度的绘图桌。一些建筑事务所也有专门用于绘图的空间（图1-11）。建筑师与制图者常伏案工作，用笔和尺在纸上整日绘图。

从19世纪晚期开始，图纸复制的手段有了变化，人们开始使用碳素墨水将设计图纸画在硫酸纸上，再将画好的硫酸图通过氨水、紫外线、显影液等技术进行晒图，白纸黑线的原稿在经过氰化感光反应后，复制的图样

图1-9 桃花坞年画、日本浮世绘和新艺术时期穆夏的插画

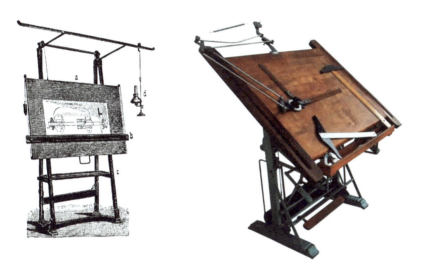

图1-10 19～20世纪初的绘图机

图1-11 早期设计事务所的绘图空间

会呈现蓝底白线，所以称为"蓝图"（Blueprint）（图1-12）。这样做的好处是能达到批量复印的效果，蓝图作为复制手工图纸的手段，大大减少了建筑事务所需要复制图纸的人力和时间成本。

此时西方文化再次进入清朝统治的中国已经有四五十年。鸦片战争后中国的建筑风格呈现出了新旧共存的特征，传统的中式建筑在乡村占据绝对主流，同时传教士引入的西式教堂再次陆续在城市和乡村出现，大城市里的洋楼、洋房开始成片出现。在这一时期，这些西方建筑多是舶来品，直接由国外建筑师设计。

中国传统建筑分为宫廷建筑、民居、庙宇、园林等类型。其中，宫廷建筑的设计极具巧思。宫廷建筑匠人中比较著名的是样式雷家族，因为他们的职责不局限于设计，也包括了材料采购、施工推进及最终装修，图纸则是以直观的样式，通过平面图烫样（指中国传统建筑的立体模型）来表现。

同时期的美国建筑绘图注重于写实刻画，而且已经有叠图意识（图1-13）。样式雷的排版更注重严格的对应关系，立面和平面基本尺度是一致的。但还是同样的问题，样式雷尽管在立面图上极力展现色彩，但是表现力不及拥有明暗关系的西方写实手法图式，几乎所有的样式雷立面图都给人一种很"平"的感觉。

我国民间的建筑绘画作品比较著名的是"南桃北柳"，即苏州的桃花坞木刻版画和天津的杨柳青年画（图1-14、图1-15）。姑苏桃花坞木版年画在明清时期一直外销海外。这些外销版画吸收了西方的透视画法，同时结合中国传统绘画的写实手法和山水配景方式。这对日本的浮世绘产生了很大的影响。

清末的风云变幻加速了东西方文化的融合，样式雷随着清廷皇室的没落退出了历史的舞台，庚子赔款则造就了中国近代第一批"开眼看世界"的留学生，设计师这一职业也被引进国内，中国近代设计行业开始了艰难

图1-12　瓦尔德豪斯·加斯特恩塔尔酒店，阿德里安·迈克尔，1902年

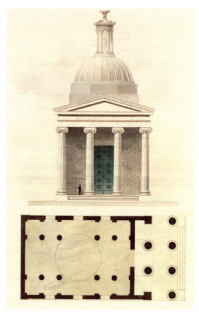

图1-13　亚历山大·杰克逊·戴维斯建筑绘图

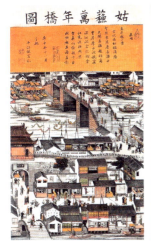

图1-14　姑苏桃花坞木版年画　图1-15　天津杨柳青年画室内空间场景

的发展，这个行业里既有远渡重洋来到中国的外籍建筑师，也有第一批学成归来准备大展拳脚的留学生。

　　20世纪初，巴黎美术学院体系（Beaux-Arts，有时也被译为布扎体系）在欧美院校中占据主流。林徽因、梁思成就读的宾夕法尼亚大学就是美国设有设计课程的高等院校之一。在设计风格和教育风格转换的二十多年中，中国留学生们接受的是以巴黎美术学院体系为框架的设计教育。

　　民国时期由国人成立的事务所，如童寯、赵深、陈植合办的华盖建筑事务所和关颂声、朱彬、杨廷宝创办的基泰工程司（图1-16），都能看到中国留学生活跃的身影。这些远渡重洋学成归来的中国初代建筑师们，带来了西方的绘图技术知识，为民国时期的诸多重要建筑设计做出了贡献。

　　1963年，计算机图形学之父——伊万·萨瑟兰发明了Sketchpad（机器人绘图员）程序，正式拉开了现代工程制图的序幕（图1-17）。这是人类历史上第一个基于图形交互界面的计算机辅助设计程序，它允许用户在电脑上基于X-Y轴创建图形，用一支光笔和输入命令，可以直接在电脑显示器上画画，类似于现在的数位板或绘图板（图1-18）。

　　由于摩尔定律和电子技术的迅速发展，计算机辅助设计的能力在接下来的半个世纪里不断加强。1982年，约翰·E.沃克（John E.Walker）创立了Autodesk公司，推出了第一个重要的计算机辅助设计程序AutoCAD，改变世界的AutoCAD软件正式诞生。AutoCAD的出现使得图纸可以存储在软盘里，从而由使用者携带到异地打印，大型项目不再需要运几卡车的图纸，同时也标志着设计行业摆脱了纯手绘图纸的时代，进入可以高速量化产出图纸的时期。

　　效果图可视化表现的历史沿革略有不同。最早的效果图可以追溯到文艺复兴时期的菲利波·布鲁内莱斯基（Filippo Brunelleschi）。他为15世纪的视觉表现提供了科学依据。他用两块油画板做"线性透视实验"，发现在同一平面上所画的平行线全都聚于一个单一灭点，进而总结了"近大远小"的透视原理。这就是早期的透视原理在建筑效果图中的运用，使他的建筑图纸具有更强的真实性或视觉真实性（图1-19）。

图1-16　基泰工程司的蓝图图纸

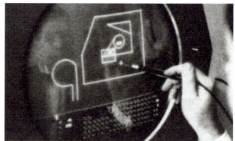

图1-17　计算机图形学之父——　　图1-18　Sketchpad程序操作画面
伊万·萨瑟兰和Sketchpad程序

图1-19　菲利波·布鲁内莱斯基的线性透视实验

狂想曲类作品并非写实类作品，而是为观众提供基于现实想象的趣味图像，也是早期效果图的一种类型。皮拉内西（1720-1778）是一位意大利艺术家，他的系列作品《假想的监狱》最为著名（图1-20）。皮拉内西创造的狂想曲作品是完全基于想象的，其中场景的营造是从艺术家的脑海中召唤出的虚构世界，这些作品便是现在效果图的前身。

　　意大利建筑师安东尼奥·圣埃里亚（Antonio·SantElla）绘制了许多关于乌托邦城市极富想象力的图纸和规划，也是早期的一种效果图。1914年，他展出了一组名为《新城》的画作（图1-21），画作描绘了高度机械化和工业化的城市景象，有鳞次栉比的摩天大楼、错综复杂的交通路网。1927年的《大都会》和斯科特的《银翼杀手》都参照过他画作的构想，还有书提到建筑电讯派（Archigram）的组织，也深受安东尼奥·圣埃里亚的影响。

　　1920年，柯布西耶开始了对于城市乌托邦的梦想，他提出了一个理想城市——光辉城市的全新构想，设想了高层住宅街区、自由的交通和丰富的绿色空间等理念。从他的效果图中可以看出，住宅小区排成长龙，人行通道架在空中，屋顶上还有露台和跑道，与我们现在的高层住宅小区的概念图纸已经很类似了（图1-22）。

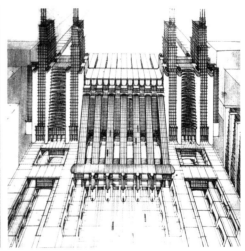

图1-20 《假想的监狱》，皮拉内西，1761　　　　　图1-21 《新城》，安东尼奥·圣埃里亚，1914

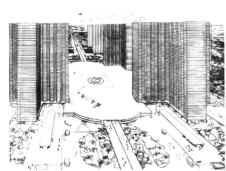

图1-22 光辉城市概念图纸，柯布西耶，1920

20世纪60年代，概念效果图的探索与一个先锋学派——建筑电讯派1960-1974（图1-23）关联较强，受流行文化的影响，这一学派开始使用拼贴、摄影和图像并置的手法绘制效果图。建筑电讯派提出了一系列颠覆已有建筑和城市系统的设想。例如，在他们看来建筑也可以像消费品一样快速更替，城市可以像汽车一样流动而不是固定于某个坐标，提出"行走城市"的概念（图1-24）。"行走城市"提出城市既可以成群发展，也可独立生存，具有根据不同的环境自动更新、适应的能力。

图1-23 建筑电讯学派成员

图1-24 "行走城市"，朗·赫伦，1964

相较于接下来提到的"插件城市"概念，"行走城市"的理念更为整体，甚至可以在它身上看到后来流体建筑（Blobitecture）的潜在基因。"行走城市"更加富有科幻色彩，并且也深刻地影响了大量文学、影视作品。

建筑电讯派在剖面图的绘制方面也有建树。1960—1974年，学派总共画了900多张图纸，其中就包括"插件城市"的剖面图纸。"插件城市"（图1-25）这个非常前卫大胆，且具有启发性的项目是一个假想的虚幻城市，它的主要设计理念是将无数模块化的住宅单元"插件"巨型的核心基础设施机器。建筑电讯派众多当时看来很奇幻的设计引发了人们对预制组合房屋配件和城市基础设施建设理念的辩论，影响深远。

对于剖面图这一环境设计可视化的表现形式，可以追溯到中世纪晚期。中世纪晚期著名的建造者维拉尔·德·昂内库尔（Villard de Honnecourt）对教堂平面和内外立面进行了简洁的绘制（图1-26）。中世纪这样简洁的绘图方式与当时设计与施工的分离不严重，绘图直接与施工挂钩，同时绘图工具的限制（当时主要使用羊皮纸加硬金属笔）也使绘图简洁清晰。文

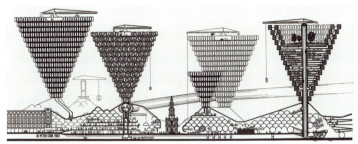

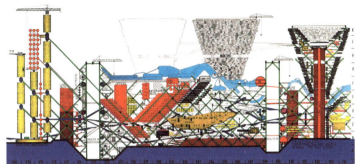

图1-25 "插件城市"剖面图

图1-26 维拉尔·德·昂内库尔（Villard de Honnecourt），莫城教堂，1240

艺复兴时期，铅笔、炭笔和纸的逐渐普及，使绘制复杂且带有阴影的图纸成为可能。

在此之后，透视和平行投影的表现方式直到18世纪末都是并行使用的。平行投影的画法也受到著名建筑师帕拉第奥（Palladio）的青睐。在具体表达上，将立面图和内部剖面图拼贴在一张图上的绘制方式在当时十分流行（图1-27）。

在我国，效果图的发展方面，20世纪90年代初的建筑效果图多为手工绘制，常运用水粉、水彩、彩色铅笔、油漆喷笔等工具上色，还会用牙刷在画面上处理一些特殊效果。重庆大学建筑城市规划学院教授符宗荣、天津大学教授兼建筑学院名誉院长彭一刚院士在20世纪八九十年代绘制了大量的手绘建筑效果图（图1-28、图1-29）。

图1-27 帕拉第奥（Palladio）绘制的剖面图，1684

图1-28 重庆急救中心，符宗荣，1987

图1-29 中国海军博物馆手绘效果图，彭一刚，2003

1968年，世界上第一位计算机图像学博士戈登·罗姆尼（Gordon Romney），在犹他大学创造了第一个复杂的3D效果图——SomaCube渲染图。该渲染程序由光笔启动，分别生成了红色、蓝色与绿色扫描，并以此生成了立方体的渲染彩色图像结果。戈登·罗姆尼的作品，被视为世界上第一张计算机渲染设计的效果图（图1-30）。

图1-30　组装和分解的SomaCube 3D渲染效果图

20世纪90年代末期，计算机技术蓬勃发展，建模软件3DMAX的出现，使得空间模型得以搭建，再搭配VRAY渲染器，计算机渲染效果图开始登上历史舞台，逐渐取代了耗时耗力的手绘效果图。21世纪初，随着计算机的逐渐普及，电脑配置越来越高，同时房地产行业的井喷式发展，使专门的效果图制作公司不断涌现。此外，草图大师、酷家乐等更加便捷的建模和渲染软件和网页程序走入人们的视野，效果图逐渐成为能够批量生产的产品，设计人员的门槛也在降低。在这一时期，效果图不需要太高技术就能制作完成。这一风潮虽然推动了效果图的迅速发展，但也造成了一系列问题，如效果图制作粗糙、批量生产导致艺术性降低、同质化严重等。

随着环境设计相关专业教育的普及化和生活水平的提高，人们对于效果图的理解越来越深入，对于此类表现图纸越来越有风格化的追求，不再沉溺于批量化的生产，而是逐渐走上个性化、风格化、艺术化的道路。此外，大量用于效果图制作的软件插件和工具不断出现，如LUMION、ENSCAPE、TWINMOTION、CORONA、MAXWELL、C4D，还有一些网页版或云程序类型的工具，如酷家乐、三维家、美间、爱福窝、设计家等。

除了平面与立面图纸、效果图之外，文本标书、展板、动画漫游视频、沙盘实体模型等也都属于环境设计可视化的范畴，这些可视化的表现形式都有其自身的特点和价值。

环境设计专业的文本标书通常用来汇报方案或进行资料存档，一个完整、系统的设计方案文本，应该有自身的逻辑性和严谨性，能够清晰、直观地呈现给读者，同时兼具美感。

展板的内容和文本标书是类似的，但是排版的方法有所差别，展板的排版更加重视整体的和谐度和融合度。文本标书类可视化图纸还有一个应用场景是房地产行业。20世纪90年代末至21世纪初，我国各地商品房和各种写字楼建设项目众多，与客户沟通时需要文本，便于展示项目和沟通，"楼书"便应运而生（图1-31）。

　　展板的表现形式对于设计专业的学生来说是必须学习和掌握的知识和技能，现在的各种国内外设计竞赛中也是以提交展板作品为主。因此，展板的制作越来越重要，展板也从仅单纯表现作品发展为要兼具叙事性和视觉冲击力的一种环境设计可视化表现形式。

　　与房地产商品房"楼书"同时兴起的环境设计可视化展示形式还有沙盘实体模型。实体模型的展示形式可以追溯到更早时期，在古埃及和两河流域文化时期，人们已经开始制作建筑及环境模型。中国古代的实体模型也有着悠久的历史，但是这些早期模型不是用来体现设计理念，而是大多用在陪葬品和祭祀活动中（图1-32）。

图1-31　商品房展示楼书

图1-32　中国古代建筑模型陪葬品

法国防御工事（French fortification）模型对于建筑模型的发展功不可没。这些3D城市模型是17—19世纪法国国王路易十四为了构筑防线和军事统筹而制作的（图1-33）。城市模型在当时的法国是一项巨大的技术成就，可以说是几个世纪前的"卫星图像"。

如今，借助软件和先进的模型制作技术，如激光切割机、3D打印等，可以制作具有极高细节和精度的仿真实体模型（图1-34）。当前的建筑模型可以在更短的时间内完成，并具有更多细节。

图1-33　法国东南部马赛湾的伊夫城堡，1681年

图1-34　模型师纳西・奥兹坎（Naci・Ozkan）正在调整3D打印模型

本章总结

环境设计专业的可视化表现方法从古代的雕刻、手绘到现代的计算机辅助设计和其他高科技手段，都显示出科技和社会经济的高速发展。旧时的表现方式虽然耗时且麻烦，但是不论是形式还是色彩，很多图纸的效果图却经得起时间的考验，经历了时光的沉淀。现代的可视化表现方式便捷了许多，但在一段时间内，也出现了大量重复制作和粗制滥造的图纸，艺术化与审美不足，不过这也是时代发展的必经阶段。未来，环境可视化表现应兼顾科学性、便捷性和审美性，在各种工具提供的便利条件下不放弃对于图纸美感和形式感的追求，创造出更多美好的设计作品。

课后作业

（1）请总结环境设计可视化都包含哪些类型，其概念分别是什么？

（2）请阐述环境设计可视化效果图表现的发展历程。

思考拓展

当前，VR技术在社会各领域应用广泛。应用到环境设计中，其作用优势非常明显，已然成为如今环境设计领域的重要发展趋势。通过VR技术的投入应用，所有设计及施工参与人员都可体验空间仿真场景，这对于提升环境设计品质、优化设计过程、控制设计成本、呈现设计效果等都有着重要的意义。尽管当前VR技术在环境设计中的应用还存在诸多不足，有待改进，但相信凭借不断的实践探索，通过进一步提高并完善VR技术和功能，扩大其在环境设计领域的应用范围，定能推动VR技术在此领域更好发展。请畅想VR技术在环境设计中的应用场景并与同学分享你的想法。

课程资源链接

课件

第二章 环境设计可视化类型

第一节　按图纸类型分类

一、概念草图类

　　概念草图指设计初始阶段的设计方案雏形，作为搭建创意与实体的桥梁，是设计过程中必不可少的步骤（图2-1）。概念草图多是思考性质的，记录设计灵感与原始想法。如果在方案汇报时有一张表达设计想法的概念草图，再配合一些实际的案例照片或意向图，说明设计和构造的想法，会加深对设计方案的理解。

图2-1　上海嘉定保利大剧院概念草图与建筑

二、平立剖类图纸

　　建筑设计平面图是将新建建筑物或构筑物的墙、门窗、楼梯、地面及内部功能布局等建筑情况，以水平投影的方法呈现，并和相应的图例所组成的图纸。在设计内容方面细分为建筑施工图、结构施工图和设备施工图。用作施工使用的房屋建筑平面图，一般有总平面图、底层平面图（表示第一层房间的布置、建筑入口、门厅及楼梯等）、标准层平面图（表示中间各层的布置）、顶层平面图（房屋最高层的平面布置图），以及屋顶平面图（即屋顶平面的水平投影，其比例尺一般比其他平面图略小）（图2-2）。

　　在设计可视化图纸表达方面，分为手绘平面图、CAD黑白线稿和彩色平面方案图和风格化平面图。手绘平面图又分为概念草图和正式图纸，概念草图用于设计初期思考过程和设计思路的梳理，可以直接明了地表达出设计师的设计思路，手绘正式图纸多用于学生课程作业、各类考试及工作应聘的快题方案设计，是环境设计专业学生及从业者的必备技能之一。彩色平面方案图是利用Photoshop（简称PS）或其他平面编辑美化软件工具对黑白方案线稿进行上色、添加素材等操作，使其成为一张模拟真实俯视效果的彩色平面图（图2-3）。风格化平面图是指运用多种技术手段或工具绘制而成的具有强烈艺术性风格的平面图纸。

图2-2　建筑总平面图

图2-3　建筑彩色平面图

与房屋立面平行的投影面上作出的房屋正投影图，称为建筑立面图，简称立面图。反映主要出入口或建筑外貌特征某一面的立面图，称为正立面图，其余的立面图相应地称为背立面图和侧立面图。但通常也按建筑朝向来命名，如南立面图、北立面图、东立面图和西立面图等。

　　立面图的分类和风格与平面图类似，分为手绘立面图、CAD黑白线稿（图2-4）和彩色立面方案图和风格化立面图。

　　剖面图又称剖切图，是通过对建筑按照一定剖切方向所展示的内部构造图例，移去介于观察者和剖切平面之间的部分，对于剩余的部分向投影面所做的正投影图。剖面图是建筑设计可视化中比较重要的一类图纸，它能很好地表达出空间内竖向高度的变化及各层级之间的关系，让设计变得一目了然。而精心的设计也会让剖面图本身的价值超越仅仅是作为"工具图"的存在，有可能成为一件艺术品（图2-5）。

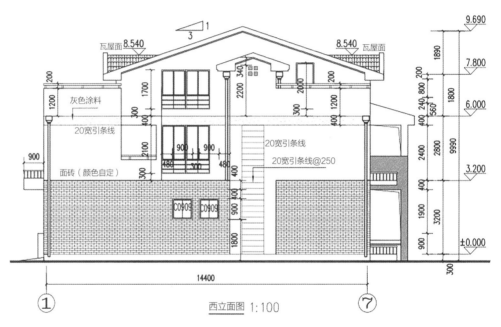

图2-4　建筑立面图

图2-5　建筑剖面图

景观设计总平面图表明了某个区域范围内景观总体规划设计的内容，反映了组成景观环境各个部分之间的功能关系及长宽尺寸，可以让阅读者了解整个设计方案，理解完整的设计架构，同时表达设计者对于各种设计元素的明确标示。

景观平面图按照功能类型可分为专属绿地景观、城市开放空间、滨水绿地、住宅区、工业园区、度假区、街道景观平面图等。按照图纸风格可以分为传统PS风格（图2-6）、细节写实风（图2-7）、黑白线稿风、水彩水墨风（图2-8）、拼贴漫画风、抽象解构风等。

图2-6 传统PS风格

图2-7 细节写实风

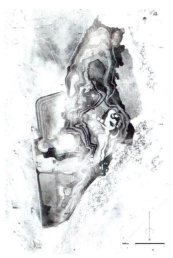

图2-8 水彩水墨风

景观立面图是表现设计环境空间竖向垂直面的正投影图。而景观剖立面图通常还需要绘制出地面以下的内容和结构，即在立面图的基础上绘制更深入的关系，如切到单体的内部结构变化、材料铺贴方式、地面铺装材料层次与夯土层层次关系等，如有水岸还要表现水岸与水体的深浅变化过渡关系及驳岸的处理方式。

景观立面、剖面图的风格有写实风格、手绘风格、艺术风格、漫画风、插画风等（图2-9、图2-10）。

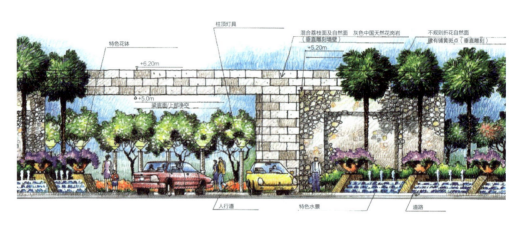

图2-9　手绘风格景观立面图

图2-10　艺术风格景观立面图

　　景观设计剖透视图和剖轴测图也是景观设计中不可缺少的一种可视化形式，这类图纸能体现远近或主次关系，比单纯的剖面图更有层次感，也可以更加清晰地表达针对于场地的不同设计策略。如ASLA的各类参赛作品就有很多用了剖透视或剖轴测这种表达方式，美国景观设计师协会（American Society of Landspe Architects，简称ASLA）的这种风格又被称为"经典材质主义"（图2-11）。

　　室内设计平面图、立面图、剖面图的可视化表达与建筑设计类似，也可分为手绘图、黑白线稿和彩色方案图和风格化图纸（图2-12）。

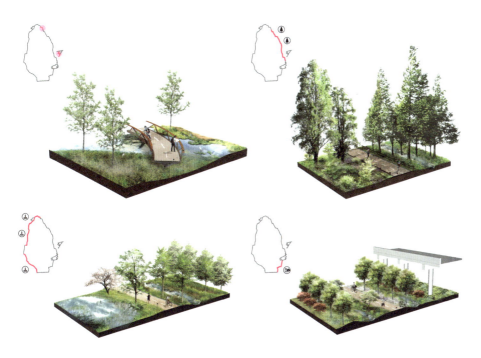

图2-11　ASLA经典材质主义剖透视图

图2-12　室内设计彩色剖立面图

三、写实性效果图

写实性效果图是一种应用范围广泛的环境设计可视化类型，具有真实的材质质感、细腻的光影效果以及完整的配景和画面，这种强真实感的效果图又被称为"照片级"效果图。写实性效果图的高仿真度，能够很好地还原真实场景，具有强烈的氛围和感染力。

例如，国际知名的制作写实性效果图的MIR事务所，其制作的效果图堪比照片，甚至比照片更加美观。扎哈、隈研吾等设计大师，还有SASAKI、MVRDV等跨国设计事务所和公司都是MIR的客户，委托其设计和渲染效果图。

我国能比肩MIR的效果图公司有SAN事务所。SAN成立于2014年，虽然成立时间并不算长，但是其对品质的一贯追求得到了众多客户的认可，其中不乏世界著名公司，如OMA、MAD、Aedas等。SAN早期代表性作品有朝阳公园广场、衢州体育公园等，近年来的代表作品有海口云洞图书馆等。

四、非渲染风格效果图

非渲染风格效果图指不使用渲染软件或工具进行效果图的绘制，如采用SU模型加PS后期，或者直接使用素材进行拼贴或插画风格制作（图2-13）。这种效果图的优势是色调统一、氛围感强烈、重点突出，不同于写实性效果图的面面俱到。非渲染风格效果图通常有很明确的表现重点，且容易营造出具有艺术感和风格化的画面，目前很多国际竞赛和留学作品集的制作都是采用这种风格。

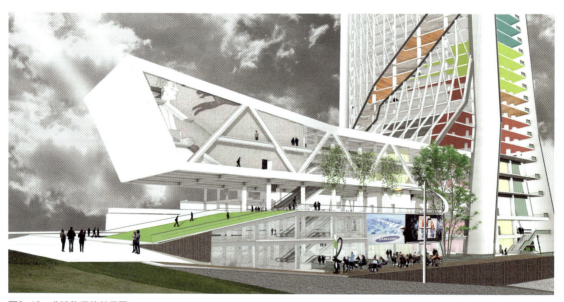

图2-13 非渲染风格效果图

五、前期/场地分析图

环境设计前期分析指在设计场地基础情况上进行分析，如对城市功能区域分布进行分析，周边多少距离处有居民区、大型购物商场、公共绿化空间、商业办公空间，这些功能空间对该场地有何影响，从而给这块场地赋予功能定位，进而影响设计策略的制定。前期分析的图纸类型包括区位分析、气候条件、文化背景、场地条件及周边环境等内容。

在前期分析过程中，不同类型的项目可能需要分析的部分不尽相同，可以对照项目需求，挑选必要的部分进行分析。

（一）区位分析

区位分析包括城市各区块的功能属性、景观结构、与周边环境的关系，区域发展状态、服务范围或交通可达性、服务受众或针对人群、能够对项目产生影响的周边资源等。

（二）气候分析

气候分析图在设计前期应充分考虑气候对项目的影响，可以让设计更具科学性（图2-14）。

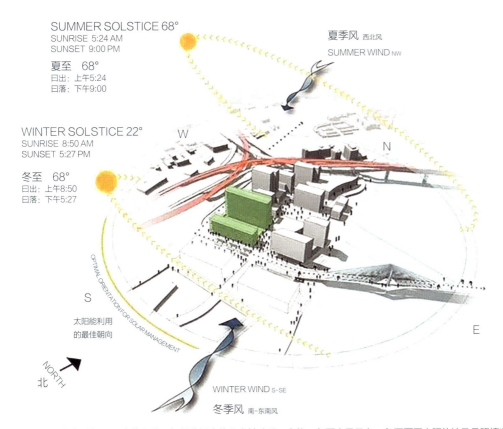

图2-14　气候分析图。完整表达了气候分析中的几个基础项：方位、冬夏主导风向，冬至夏至太阳轨迹及日照情况

（三）文化背景分析

文化背景分析可以从大的区位层面入手，也可以从小的地段或场地层面入手。文化背景分为两部分：历史文化背景和社会文化背景，但其实两者是相互交融的。历史文化背景又包括具体的历史建筑物和符号性的传统建筑语汇、城市肌理等。社会文化背景主要是人的生活习惯、区域的社会结构、文化底蕴等。这类图纸可以帮助设计师更为深入地分析场地的历史发展过程，同时也可以从分析中发现场地关键的人文历史特点，为后期设计的策略和思路做准备。

分析文化背景的分析图中还有一类比较典型的叫作"历史文脉分析图"，掌握历史文脉分析图可以增加作品的丰富性，还可以帮助读者更好地理解设计背景。历史文脉分析图一般可以以时间轴或重点事件为线索，展示场景图片，也可以用拼贴风分析图的形式呈现。

（四）周边环境分析

周边环境分析包含两个层面：地段和场地。地段层面关注以待建场地为中心一定区域内的城市肌理、自然环境肌理及周边可利用景观或设施等。分析后的应对策略一般为：协调、调整、对比、解构等。这些策略往往是多种并用，如一个设计方案在某些方面与周边肌理相协调，同时也会适当营造一些冲突（图2-15）。

原有交通流线分析属于周边环境分析的大类图纸，包含不同交通类型、多个目的地之间如何联系路径的表达，需要做好"点、线"元素的区分和表现，尤其注意对不同道路和交通类型路径色彩和线型的区分，对于只需要标注不同场地之间线性路径的联系，无须区分不同交通类型的分析图，表达内容相对简单（图2-16）。

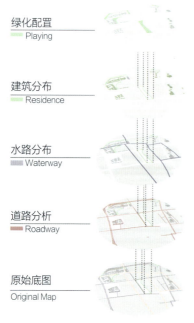

绿化配置 Playing
建筑分布 Residence
水路分布 Waterway
道路分析 Roadway
原始底图 Original Map

图2-15 周边环境分析

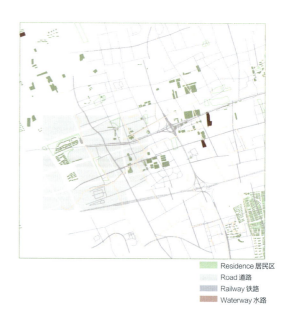

Residence 居民区
Road 道路
Railway 铁路
Waterway 水路

交通分析／LOCATION ANALYSIS

场地分析
SITE ANALYSIS

浦发公园项目在6km以内辐射全区主要为学校，居住生活，办公楼，花园，派出所，消防站等，周边建有两个立交桥，并且外环高速也在附近，周边有11号轨道线和各路公交车路线，交通十分便捷，人流可达性强

图2-16　交通流线分析

（五）人群分析

在设计前要了解场地的设计是为什么类型的人群服务，这对后续的空间尺度及功能划分有极大影响。人群分析可以包含很多方面，如人群数量、年龄阶段、性别比例、人群职位、人群主要活动时间以及游览喜好等信息。既可以利用拼贴加照片的手法，也可以使用图表或者数据做精确的分析。如果条件允许，可以采用调查问卷的形式，这样的分析结果会更加准确、科学。

（六）自然环境分析

自然环境包括场地的高程信息、动植物资源、水文特征、气候特征等。通常来说，做一个景观设计，需要关注这个场地原有种植情况。对于场地自然环境的分析，可以采用图表的形式，这是比较直观的表达方式。

上文中提到的区位分析、场地分析等图纸统称为"Mapping"，Mapping的多样性与灵活性为复杂景观的认知与设计提供了丰富的机会，Mapping的主要作用是探索，即设计者在建立信息间复杂关系的过程中不断形成对场地新的认知。

制作Mapping时怎样获取区位分析和地图数据？有哪些地图下载网站？如何对地图数据进行分析和处理？这将在本书第三章中进行介绍。

六、拆解类分析图

平立剖图纸不能完全展现丰富的空间形式，能够展示空间关系和结构关系的拆解图便应运而生。拆解分析是对表达内容的进一步深化，其中最常见的形式就是叠层图，也称爆炸图，或者千层饼分析图，多采用CAD+PS+AI等软件共同制作（图2-17）。

景观拆解图是把同一个底图上叠着的多层信息分层展示，比纯平面展示更具形式感，图面更丰富，但也要注意不是所有的图都适合爆炸图表现，有时可能会造成读图困难。图2-18将场地的植物层、道路、水系、其他功能结构等分层显示分析，这是景观拆解图中常见的拆解方式。景观场地分析涉及的内容很多，包括场地位置、城市肌理、地形地貌、气候环境、周遭建筑的功能、公共空间的位置、周围建筑的风格、附近区域建筑的立面分析、人流流线、城市景观等。景观设计中重点要素分析，包括植物、景观结构等，也多采用拆解图来呈现。

室内设计不同于建筑、景观设计，它的体量更小，更注重内部空间的分析，所以拆解图在室内设计中显得更为重要。室内也多采用轴测图形式来呈现整个空间，力求达到整体和部分之间的平衡。轴测表达了很多内容，如层数、直观的总高度、空间的形状等。在室内设计空间分析环节，

图2-17　拆解图。拆解图是建筑、景观、室内设计中的一种重要的表达方式，可以把复杂的形体变得清晰，让阅读者快速观察建筑内部的空间形态、流线或者功能

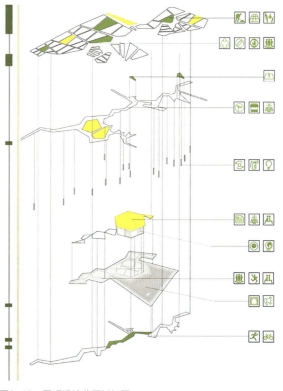

图2-18　景观设计分层拆解图

越来越多的专业设计公司会采用这种形式进行空间分析和汇报，利于凸显空间的布局，使重点部分的设计一目了然，从而更好地帮助理解设计理念（图2-19）。

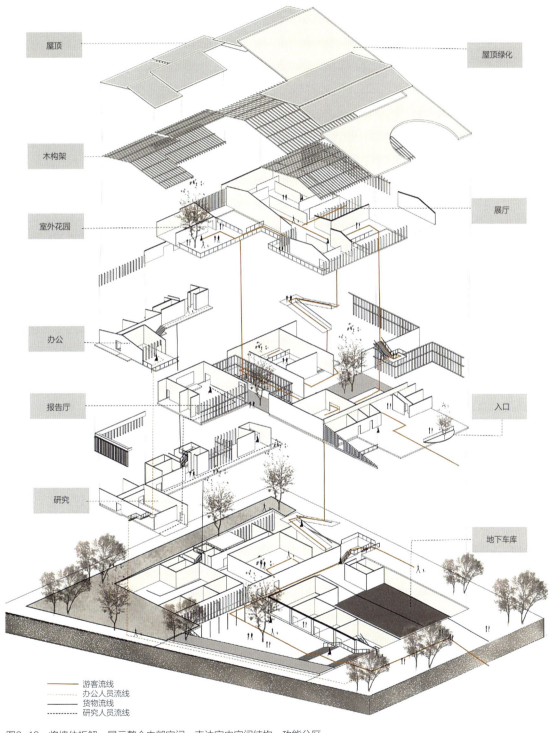

屋顶

屋顶绿化

木构架

展厅

室外花园

办公

入口

报告厅

研究

地下车库

—— 游客流线
········· 办公人员流线
—— 货物流线
------ 研究人员流线

图2-19 将墙体拆解，展示整个内部空间，表达室内空间结构、功能分区

七、节点细部类分析图

节点图是建筑细部的结构图纸。它是在平面图、立面图、剖面图等图纸上不能详细表述一些连接关系时，用以完整展示其间关系的图纸。节点详图主要展示该具体结构的形状、材料名称、规格尺寸、工艺要求等。具体分建筑、景观和室内设计三类介绍。

（1）建筑节点图。有时也称"大样"图，是表明建筑构造细部的图，所谓建筑某个部位的节点图，就是画有此处细部构造的图。例如，此处与什么构件连接，怎样连接，每个构件的材料、尺寸，甚至有时细致列出每个螺栓等。建筑节点详图将房屋构造的局部要体现清楚的细节用较大比例绘制出来，表达构造做法、尺寸、构配件相互关系和建筑材料等。节点详图反映节点处构件代号、连接材料、连接方法，以及对施工安装等方面内容。节点详图是从整图上提取某个部位来描绘的，必须先明确其表示的是哪个部位。

节点施工图（图2-20）对于施工图的重要性不言而喻，而理解节点图的本质是理解其背后的施工工艺和材料属性等知识；这类分析图纸以施工图纸样式的线稿形式展示细部构造。线稿通过严格的线型区分，更便于观者清晰了解内容，同时也使画面精致耐看；图纸中结合人物、动物轮廓可以帮助观者更好地把握尺寸；结合一些三维模型图可以更好理解节点细部构造。

（2）景观节点图。景观中的设计节点图可以丰富细节表现，充实可视化表达，给设计加分。分析图多用简单的线条、黑白灰和亮色的画面来展现空间场景，并拼贴上配景人物，展示空间构成、人物场景。这类分析图具有趣味性，可增加设计的叙事性，增加观者的代入感（图2-21）。

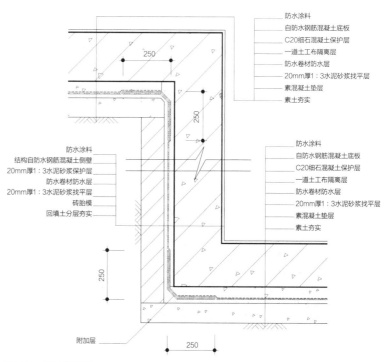

图2-20　节点施工图

图2-21　插画风景观节点分析图

　　（3）室内节点图。室内节点细部类分析图主要分析室内场景、细部、软装等设计要点。室内轴测图能更好地展现出设计方案的室内空间环境，富有立体感的场景展现，也让图纸更具艺术感。在进行室内空间轴测图制作时，可以对室内造型、家具、装饰、软装等进行展现，通过生活场景加强展现与人的联系（图2-22）。同时加入人物，可以让尺度有对比感，更利于观者清晰理解。

图2-22　单个空间轴测展示

八、设计方案文本标书

文本标书是展示、汇报设计成果，进行招投标工作时述标、评标所必须准备的可视化图纸。述标的逻辑与文本标书具有一致性，专家评标时会反复阅读文本标书中的内容。文本标书的内容除了设计方案图纸之外，还必须包含经审定的总平面图、平面定位图、竖向定位图、日照分析图等图纸。

（一）文本封面

需要注明建设项目、建设单位、设计单位、方案完成日期，有些投标项目还需要加盖建设单位公章及设计单位资质章。

（二）方案设计说明及指标明细表

设计说明按照规划、建筑、绿化、供电、供水、排水、电讯、人防、消防、环保、暖通、节能等顺序呈现；指标明细表须按照申报的建筑设计方案实际设计面积进行核算。

（三）现状分析图及照片

需要标明建设用地现状、自然地形地貌、道路、绿化及各类用地内建筑的范围、性质、层数、单位名称，以及规划影响范围内的建筑层数和建筑性质；标明用地界线、各类规划控制线；在用地现状地形图的基础上，用不同色彩标明用地周边潜在利害关系建筑位置、层数等；现状照片必须如实反映周边建筑物，构筑物的色彩、体形、体量、风格特点等。

（四）总平面图

必须如实反映地块周边的现状，标明规划四至范围，各类规划控制线；标明规划建筑性质分类，确定主、次要出入口方向、位置，标明出入口与城市道路交叉口距离；标明室内外标高及参照点，注明建筑物的高度；附技术经济指标以及公建一览表，指标内容必须严格按照国家规定详细标明。

（五）竖向定位图

处理好建筑与室外场地、周边道路的竖向关系，结合地块现状和周边道路标高进行竖向设计，作为日照分析的依据。

（六）日照分析图

内容包括拟建项目建设前的周边现状建筑日照分析图和拟建项目建成后项目内部及对周边产生日照影响的分析图；必须使用经建设部批准的日照分析软件并由相关专业人员做出的日照分析图纸，需加盖设计单位资质章并由设计人员签字（图2-23）。

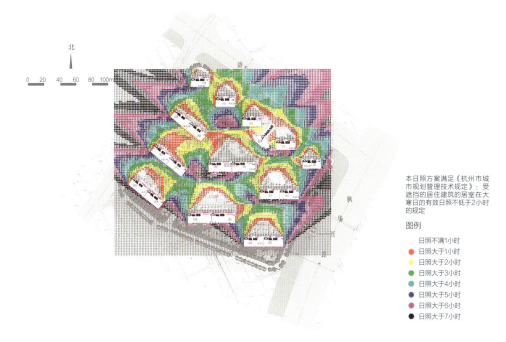

本日照方案满足《杭州市城市规划管理技术规定》：受遮挡的居住建筑的居室在大寒日的有效日照不低于2小时的规定

图例

日照不满1小时
● 日照大于1小时
● 日照大于2小时
● 日照大于3小时
● 日照大于4小时
● 日照大于5小时
● 日照大于6小时
● 日照大于7小时

图2-23　日照分析图

（七）建筑设计方案平面图

必须包含各建筑地下室各层平面图、地面一层、二层、标准层、顶层、屋顶平面图，更详细的平面图需标注轴线尺寸及墙体厚度，总尺寸及凹、凸外轮廓尺寸，并标明每层面积。

（八）建筑设计方案立面图

需要按不同立面形式标明各建筑物高度、色彩、尺寸、建筑装饰材料等（图2-24）。

25号楼北立面图　　　　　25号楼南立面图　　　　　25号楼东立面图

图2-24　建筑设计方案立面

（九）建筑设计方案剖面图

必须按不同剖面形式标明各建筑物高度、色彩、尺寸、建筑装饰材料等（图2-25）。

图2-25　建筑剖面方案

（十）效果图

包括设计方案的鸟瞰图、建筑单体效果图、重要街道的沿街效果图、规划平面节点效果图、主要出入口效果图等，至少有两套方案效果图，必须附注简要的设计说明。

景观设计方案文本标书的内容与建筑设计类型的有所不同，除了项目概况、周边环境分析、设计概念、平面方案、效果图等内容，还增加了景观结构分析、视线分析、绿化种植规划、游憩规划设计、景观节点分析、园林小品设计等内容（图2-26～图2-28）。

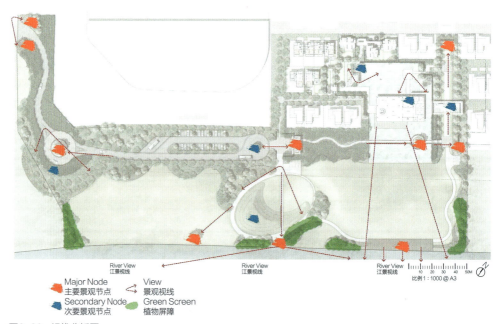

图2-26　视线分析图

景观总体规划,以十个不同的植栽组合,来营造不同的空间区域特征。这些区域根据种植策略及设计重点的内容作为参考。每个独立分区的品种类型可参考种植分区图表
Corresponding landscape master plan to ten different planting combination, to create a different region of space. According to these regions planting strategy and design the key content of the refere of each individual partition type planting division chart for reference

绿茵带 Green belt
隔离带 Isolation belt
景观护坡 Landscape revetment
滨水区 Water front
湿地 Wet land
防护林带 Protective forest belt
山林区 Mountain forest region
森林草地 Forest grassland
灌木林缘 Bushes edge
大草坪 Great Lawn

图2-27　绿化种植规划

多年龄练习场
Multi-age Practice Court

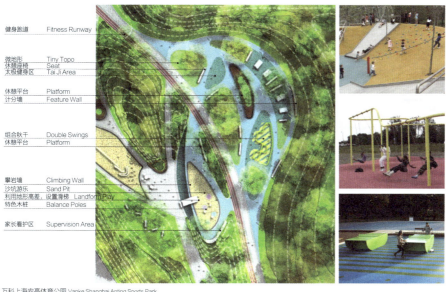

健身跑道　　Fitness Runway

微地形　　　Tiny Topo
休憩座椅　　Seat
太极健身区　Tai Ji Area

休憩平台　　Platform
计分墙　　　Feature Wall

组合秋千　　Double Swings
休憩平台　　Platform

攀岩墙　　　Climbing Wall
沙坑游乐　　Sand Pit
利用地形高差, 设置滑梯　Landform Play
特色木桩　　Balance Poles

家长看护区　Supervision Area

万科上海安亭体育公园 Vanke Shanghai Anting Sports Park

图2-28　景观节点分析

　　室内设计方案文本的图纸数量相对前者略少。室内设计按照设计类型可分为住宅、别墅、样板间、酒店民宿、软装设计等。文本的内容主要有:项目概况、客户分析、设计说明、墙体改造方案、彩色平面方案(图2-29)、顶面方案、地坪方案、动线分析、材质分析、软装意向分析、单个房间分析(图2-30)、轴侧分析、拆解分析、剖立面图、效果图等。别墅设计方案文本还会包含庭院景观设计图纸或意向方案。

公共空间
❷ 客厅
❸ 阳台
❻ 走廊
❼ 餐厅
❽ 厨房
❾ 主卫

私密空间
❶ 书房
❹ 儿子房
❺ 主卧
❿ 女儿房
⓫ 次卫

图2-29　彩色平面方案

1—客厅
2—儿子房
3—主卧
4—女儿房
5—卫生间
6—厨房餐厅
7—书房

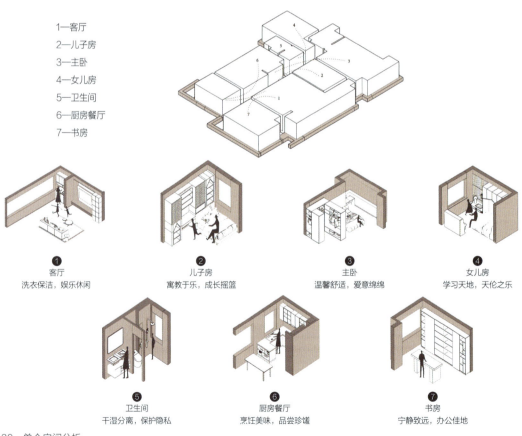

❶
客厅
洗衣保洁，娱乐休闲

❷
儿子房
寓教于乐，成长摇篮

❸
主卧
温馨舒适，爱意绵绵

❹
女儿房
学习天地，天伦之乐

❺
卫生间
干湿分离，保护隐私

❻
厨房餐厅
烹饪美味，品尝珍馐

❼
书房
宁静致远，办公佳地

图2-30　单个房间分析

九、设计展板

环境设计专业通常借助图纸、图像和模型来描述与表达设计项目。随着不同学科的交叉融合，环境设计专业越来越多地使用其他表现形式展现设计想法，如信息图表、书籍、海报和数字演示等都是重要的表达载体。而这些不同的表达、表现形式及多样的技术工具，都与平面设计有密切关系。

通常来说，展板中的内容必须包含前期调研的相关图纸，包括设计背景、区位、基地现状、历史文脉、功能、道路交通、行为活动、客户需求、风向、气候、视线分析等。但这些图纸也并非全部需要，按照设计逻辑组织排列即可。景观设计类的展板还需要加入有关植物配置分析、景观节点分析等内容。室内设计展板一般会把较大篇幅留给效果图的展示，其他各类分析图穿插其中，进行设计过程的推演和阐述。

经过对大量设计展板案例的研究，本书总结出被高频采用的几种排版形式，版式具有共性又各具特点，适合不同风格样式的建筑设计、景观设计及室内设计图纸的表达需要。

🔗 资源链接：设计展板版式

十、实体模型

在环境设计领域，实体模型作为建筑项目设计、施工、销售等工作的重要工具，地位举足轻重。它可以运用于从概念构思到成果表现的任何设计阶段，可以帮助设计师在三维形态下，以一种可进入性的方式推进并验证设计构思。与电脑制图及手绘方式相比，实体模型在操作过程中能够在各个角度实时显示空间的形态尺度和材料效果。模型可以表现空间中构件（如门窗、家具），也可以用于表现城市设计尺度某一个地块的整体形态。

（一）概念模型

概念模型常出现于概念构思表达阶段，以一种较为简练的方式阐释隐含的设计理念。为了使设计理念能够被清晰和准确地理解，概念模型常会采用特别的材料及色彩，以一种相对夸张的方式，展示概念雏形（图2-31）。

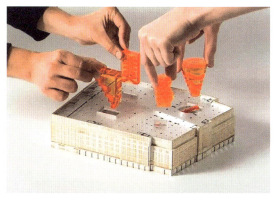

图2-31　柏林KaDeWe百货商店概念模型，OMA

图2-32是东南大学建筑设计初步课程概念模型阶段的学生作业，利用纸板这种易于折叠和拼接的模型材料，对校园大学生活动中心方案进行概念展示和形态推敲。建筑形态抽象为多个立方体，通过不同大小形态立方体的组合、堆叠、穿插等操作，形成起伏有致、界面交错的纸板模型形态。设计者利用照片对纸板模型操作的变化过程进行多角度的记录，展示对设计初始概念的表达。

图2-32　东南大学建筑设计初步课程学生作业

（二）展示模型

　　展示模型与最初的概念模型相比具有更高的精细效果，可以更好地反映成品的材料和比例。展示模型适用于准备向客户或公众展示创意的场景。这类模型讲求做工和细节，需要花费大量的时间去精雕细琢，一般交给专业模型公司制作（图2-33）。

图2-33　哥本哈根动物园熊猫馆展示模型，BIG

展示模型分为不同尺度和不同用途。例如，城市尺度或者规划尺度的模型一般用于城市规划设计、区域规划设计，或建筑辐射面积较广，对周围区域都有影响。这类模型采用真实材料，按照准确的尺寸和比例，做成与实际产品几乎一致的模型，为展示空间关系、结构、制造工艺、外观、市场宣传等提供实体形象（图2-34）。

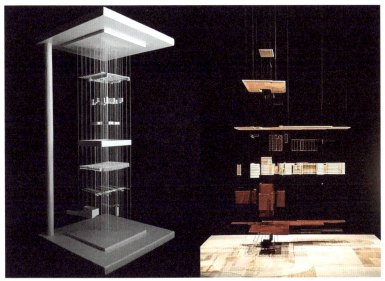

图2-34　这类模型类似前文介绍的"拆解类分析图"，也是利用拆解爆炸的形式将模型的构建进行分解展示

（三）实体模型+分析图

在设计项目的分析表达阶段，可以采用"实体模型+分析图"的形式，达到新颖有趣、生动活泼的设计表达效果。

第二节　按设计风格分类

一、典型设计公司风格

环境设计属于竞争较为激烈的行业，建立一个知名品牌更是困难，即便如此，世界各地仍有一些设计公司和事务所成功地脱颖而出，赢得了国际声誉。其多样化的设计项目及风格化可视化表达方法，使之成为广受赞誉和争相模仿、研读的对象。下面将介绍几个在可视化表达方面有独特风格的国际设计公司及事务所。

Sasaki公司由著名的美国日裔景观设计师佐佐木英夫（HideoSasaki）于1953年在美国波士顿地区建立。Sasaki的风格之所以如此受欢迎，关键在于其处理手法，尤其是配色设计。大量的对比色和高饱和纯色的运用，使得其图纸的视觉冲击力非常强。

Sasaki公司的设计图纸（图2-35）以简约的模型搭配明亮的色彩，加上灵动跳跃的画面感，令人过目难忘，成为环境设计专业学生及从业人员争相模仿的对象。

B.I.G是一个涉及建筑、城市规划领域的国际设计事务所，位于丹麦首都哥本哈根。B.I.G的作品已经获得了包括丹麦皇家艺术学院奖、意大利威尼斯建筑双年展评委会特别奖、世界最佳住宅、北欧国家最佳建筑奖等一系列国际奖项。

B.I.G的分析图（图2-36）有着鲜明的风格与特征，清淡的配色、简洁的轮廓和严谨的推演过程，给予每个设计项目有力扎实的分析。

图2-35　Sasaki公司的设计图纸

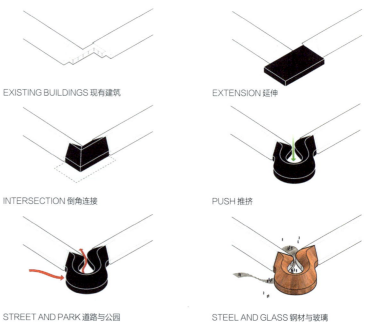

EXISTING BUILDINGS 现有建筑　　　　EXTENSION 延伸

INTERSECTION 倒角连接　　　　PUSH 推挤

STREET AND PARK 道路与公园　　　　STEEL AND GLASS 钢材与玻璃

图2-36　B.I.G事务所的分析图

OMA大都会建筑事务所（以下简称为OMA），于1975年由雷姆·库哈斯（RemKoolhass）在伦敦创立，是一家专门从事当代建筑设计、都市规划与分析的国际设计公司。创始人雷姆·库哈斯曾在伦敦建筑联合学院、美国康奈尔大学学习建筑，引起广泛争论的北京中央电视台新大楼设计方案就出自其手。

OMA也有其特别的设计可视化风格，如特别喜爱使用"手"与"模型"的互动表现，同时分析图也具有强烈的视觉冲击力和易读性，通常会使用图示加说明文字的可视化表现形式（图2-37、图2-38）。

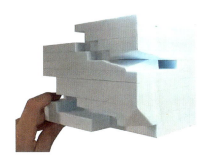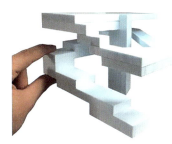

图2-37　光教百货，OMA

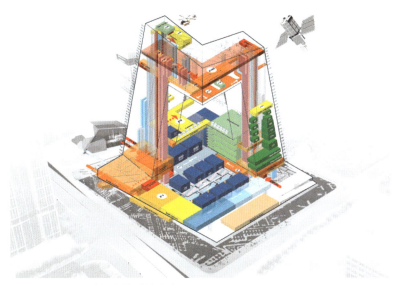

图2-38　中央电视台新台址主楼的拆解图纸

妹岛和世是日本知名的建筑设计师，以金泽21世纪美术馆赢得了当年"威尼斯建筑双年展"的金狮奖。妹岛和世的建筑风格受到世人注目，她的作品多带有"穿透、流动"的风格，大量运用玻璃外墙等材质，以"轻""薄""透"为特点的建筑风格，让空间焕发着细腻光洁又明媚清新的女性气质（图2-39、图2-40）。

日本建筑师石上纯也继承了日本现代主义建筑中的细腻、轻盈，与自然相融合的特色，同时他也以多样的方式探讨了景观与自然、空间的透明性与暧昧性、建筑的地方性与全球化等议题。

图2-39　妹岛和世设计作品的可视化表达

图2-40　妹岛和世设计作品。其可视化表达喜爱采用黑白线稿或是淡彩手绘的形式，加上特有的"妹岛小人"作为点缀，营造出轻盈、活泼、流动的图纸风格

　　石上纯也的图纸总体风格简约、清新，同时加入喜爱采用的淡彩手绘表现方式，以及低饱和度的色调和有设计感的植物素材。石上纯也还喜欢制作风格独特的手工模型来辅助设计表达，通常采用拼贴的模型制作手法，不同于一般的建筑或景观模型，更像一种艺术品的表现，带有强烈的个人风格（图2-41）。

图2-41　石上纯也的手绘图纸

不管是Sasaki、B.I.G、OMA这样的大型跨国设计公司，还是一些小型设计事务所和工作室，它们都在不断探索环境设计图纸的可视化表达方法和技巧。有的倾向于计算机辅助设计作图，有的擅长手绘制图，还有一些设计师钟情于手工模型的表达，在长期工作过程中逐渐摸索出一种强烈的个人风格。值得注意的是，不管采用哪种设计可视化表达形式，其核心点是展现出项目的设计内涵与设计氛围，这是环境设计师需要不断探索和研究的内容。

二、古典风

古典风格多用来形容建筑或者室内设计风格，本书所指的古典风格的图纸多为新古典的风格。结合当今各大设计公司呈现的图纸风格，主要介绍三种类型的图纸：欧式古典风格、日式古典风格及中国古典风格。

（一）欧式古典风格

案例表现的是19世纪后期艺术家、设计师兼社会活动家威廉·莫里斯笔下的社会主义工厂，设计者是伦敦大学学院（UCL）巴特莱特建筑学院的乔安妮·陈（Joanne Chen）。这个理想的社会主义工厂位于伦敦泰晤士河畔，包括休闲和教育设施。工厂处在一个风景秀丽的环境当中，周围被花园池塘包围，里面有家具、彩绘玻璃和壁纸工作坊等（图2-42）。

图2-42 欧式古典风格效果图

（二）日式古典风格

本书将清新风格、以工笔线描形式呈现出清新简约古典风格图纸归纳为日式古典风格，这一类也颇具特色，具有鲜明的插画特点。

案例1："街头巷尾，清风拂幔"

设计师是都灵理工大学的法比奥·马菲亚（Fabio Maffia）。该设计围绕城市公共空间展开，是中国南京周边的古老聚居地的整修项目。该设计方案从传统商业空间中汲取灵感，定义一个新的空间，即公共商业庭院。这种庭院的围合结构均为古老且传统的房屋界面，其围合界面与周围空间生成街道形态，形成商业氛围。该项目以"庭院+街道"作为社交和互动的空间，创造性地继承和保护了当地现有文化遗产（图2-43）。

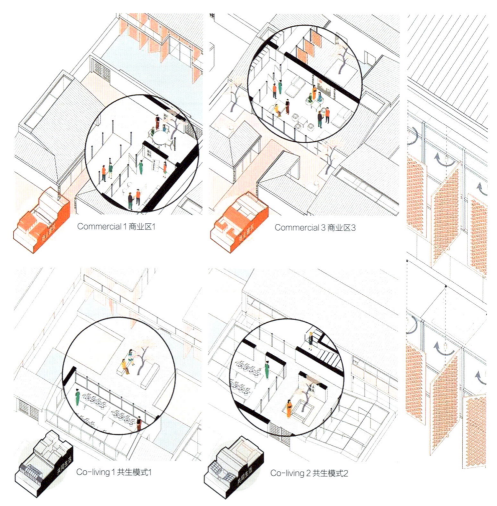

Commercial 1 商业区1

Commercial 3 商业区3

Co-living 1 共生模式1

Co-living 2 共生模式2

图2-43 日式古典风格轴侧展示

案例2：日本上野动物园："闲云野鹤，上野星球"——Haruka-Misawa

上野动物园地处东京中心，设计者认为上野动物园的生态丰富性堪比一颗星球，因此诞生了"上野星球（UENO PLANET）"的概念。该动物园在设计过程中，以鸟类的俯瞰视线代替了人类视角，让人们得以用非日常的感觉去眺望平时司空见惯的动物们，发现园内还未为人所知的魅力（图2-44）。

图2-44　以鸟类的俯瞰视线代替了人类视角，用纤细的线条重叠来描绘这个充满自然能量的地方

（三）中国（古典）风格

中国古典风格是建立在中国或东方传统文化的基础上，以中国元素为表现手段的一种艺术形式或生活方式，是根植于中华民族发展历史中的意识形态与传承理念。这种"中国特色"的设计作品图纸，具有细腻复古的色调、古画纹理、配景都展现着国风图纸的魅力，地域化色彩强烈，风格独特。其图纸特点整体呈现为：①画面的质感，宣纸古画的纹理叠底配上山水画，传统氛围油然而生；②注重建筑主体之外的配景、人物等小元素的点缀；③背景中多用祥云、波浪等中式传统纹样；④色调统一。

目前，中国古典风格图纸呈现两种细分风格：传统古典风格与新古典风格。这两者最大的区别在于配色，传统古典风格以传统配色居多，整体颜色多偏灰，一般来说不用饱和度过高的色彩。而新古典风格在拥有典雅端庄的气质同时带有鲜明的时代特征；其主要特点是用现代的手法和材质还原古典气质，让人们在强烈地感受传统历史痕迹与文化底蕴的同时，体会摒弃复杂肌理纹样和装饰后的简化线条。将怀古的浪漫情怀与现代人对生活的需求相结合，兼容华贵典雅与时尚现代，反映出后工业时代个性化的美学观点和文化品位。

1. 传统古典风格

案例1："以山水，释自然"——苏州狮山公园

设计公司：TLS景观设计公司

苏州狮山公园设计在立意上，上承中国传统"山水精神"，下接自然共生的原则——都市山峰、森林、水生环境，两者在共同作用下自然再生。公园与新狮山湖紧紧相依，并由一条呈环形的步道环绕。这条环形步道串联起各个景点，可引领人们感受园中不同景致。图纸风格类似中国传统山水工笔画，但又融入了现代效果图的质感（图2-45、图2-46）。

图2-45　鸟瞰效果图

图2-46　狮山湖移动派对岛效果图

案例2："纵情山水，诗意几何"——三零九山水茶室设计

来源：同济大学建筑学院2018年毕业设计作品

　　该设计从中国山水画出发进行设计，将设计还原到山水画中进行表现，图纸风格与《清明上河图》极为类似，尝试建构中国本土的诗意图示设计语言。基于多种山水画《江山秋色图》《关山萧寺图》《早春图》《葛稚川移居图》《溪山秋霁图》进行探索和尝试，最后得出多样化的成果（图2-47）。

图2-47 模拟山水画卷的效果图

2. 新中式古典风格
案例：重塑中国——"迁移乌托邦，美好而虚幻"
来源：UCL巴特莱特建筑学院

整个项目主要是对城市生活的畅想，设计者设想了一座乌托邦，所选项目地点是中国南海。设计受到《东京梦华录》的启发，展现开封城中热闹的景象，与对乌托邦的想象结合在一起。整体图纸风格带有强烈的东方幻想色彩，构成了既古典又超现实的图像（图2-48）。

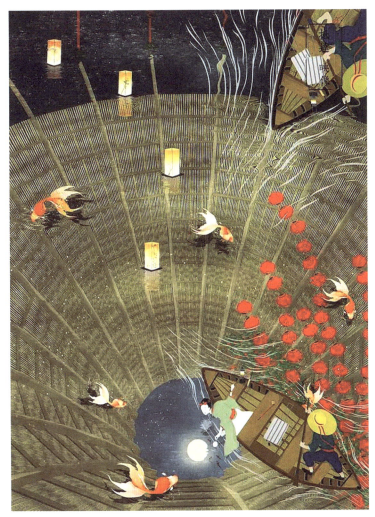

图2-48 新中式古典风格效果图

三、插画风、漫画风、拼贴风

（一）插画风

插画原来是用以增加刊物中文字的趣味性。环境设计专业的插画风格图纸以营造画面氛围及趣味为主。插画风弱化了材质在场景中的重要性，强调了色彩搭配、构图、形与线之间的平衡关系，以及大场景的视觉震撼力。凭借其上手较易、风格突出两大优势获得设计者青睐。具体来说有如下特点：①上手较易：建模简单、渲染简单、效果多靠后期素材的叠加，前期工作量大大减少。②风格突出：插画风凭借其小清新的配色、卡通化的贴图、有趣的细节处理，能在众多图纸中脱颖而出。其在色彩上主要分为三大派系：极简单色系、素雅系和色彩扁平系（图2-49、图2-50）。

图2-49　极简单色系插画风。即整个画面只有1、2种色彩，画面风格简约清爽、形式简洁、主体结构突出

图2-50　素雅系插画风。色彩的种类较少，色彩较淡，给人清新淡雅之感。这类图纸整体画面线条感比较明显，绘制时更加注重线稿的丰富度和阴影关系

扁平系插画风的特点即将事物复杂的结构进行抽象化处理，去除阴影、透视、纹理等，仅用简单线条、色块来勾勒外部轮廓，从而创造出扁平感。干净简洁是它的特点，能够一眼看出主体所在（图2-51）。

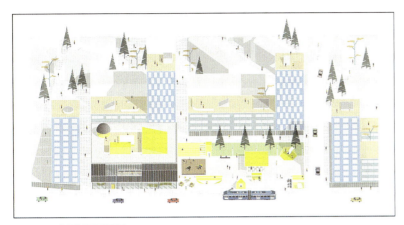

图2-51　扁平插画风图纸

（二）漫画风

漫画风格图纸同样是现在比较常见的一种环境可视化的表现风格，即采用类似漫画、卡通的整体构图，辅以相同风格的配景，营造趣味的画面场景。画面色彩或明快或淡雅，与扁平风格有一定类似（图2-52）。

图2-52　漫画风格图纸

图2-53　拼贴风效果图

（三）拼贴风

拼贴风格的设计灵感来源于拼贴艺术，这是一种不限制创作材料的、超现实的、将元素解构并重组的一种艺术创作手法，其代表人物有毕加索、布拉克等。拼贴风也是一种环境设计可视化表达的方式，相较于传统的写实渲染风格的效果图，拼贴风可以帮助设计师在较短时间内完成理想化场景，强调概念性、风格化的表达。这种方法不仅能大大增加出图效率，更能使画面更加清晰生动地反映设计者意图（图2-53）。

本章总结

本章介绍了环境设计可视化的类型，从平立剖面图、写实性效果图、非渲染效果图、概念推演、形体生成、拆解分析、节点细部分析等类型介绍环境设计可视化的分析与表达方法。准确、清晰地表达设计内容是做可视化表现图的初衷，如视角选择、材质、色彩的应用。这些内容是整体表现的关键，但是环境设计表达也不能过分依赖于技术层面，还应提高审美和设计思维。

课后作业

（1）请总结环境设计可视化可以从哪些角度进行分类，分别是什么类型？
（2）请阐述环境设计可视化的展板排版的原则和技巧。
（3）请阐述环境设计可视化图纸的分类。

思考拓展

　　当前环境设计专业的学生和设计师都在不断探索环境设计图纸的可视化表达方法和技巧。有倾向于计算机辅助设计作图的，也有擅长手绘制图的，还有一些设计师钟情于手工模型的表达，不同时期大家所擅长的行业流行的图纸风格也不一样。

　　请思考环境设计可视化类型与社会发展的关联性和区别性，并讨论拼贴风、插画风等风格化图纸产生的原因。

课程资源链接

课件、拓展资料

第二部分

环境设计可视化
实践

第三章 前期/场地分析类图纸

　　设计前期分析指在正式动手设计之前，做好项目解读、前期分析、场地分析等工作，以获得清晰的设计思路。如果前期分析不扎实，脱离项目方案需求，即便后期方案表达再优秀，也无法打动甲方。在SWA、SASAKI等国际设计公司的经典项目文本中，前期分析图纸至少都占文本内容的1/3。

　　设计前期分析主要指前期图表、概念分析、场地环境分析等，具体包含图表类分析图、基地分析、历史文脉与文化背景分析、Mapping分析、区位分析、城市肌理分析、交通分析、前期数据分析图、气候分析等。

第一节　图表类分析图

　　图表类分析图主要包括逻辑思维图和数据统计图表，接下来分别介绍这两类图纸。

一、逻辑思维图

（一）思维导图

　　思维导图又名心智导图，是表达发散性思维的有效图形工具，通过放射状的发散形式，让思路更有条理。作为一种视觉表达形式，它展示了围绕同一主题的发散思维与创意之间的相互联系，简单又高效，是一种实用性强的思维工具。

（二）文字云

　　文字云作为一种语言图式，是文本数据可视化的重要方式（图3-1）。它将不同文字组整合为集合簇团形状，并将设计中出现频率较高或传达重要内容信息的"关键词"，通过放大尺寸或者更改字体颜色的方式予以突出。文字云的形状可随主题设定。它常结合设计前期实地调研或调查问卷，将与设计相关的各类数据信息、文字以某种特定的逻辑进行编排组合。

图3-1　文字云

（三）SWOT分析图

　　SWOT分析图将与研究对象密切相关的各种主要内部优势、劣势和外部的机会和威胁等，通过调查列举出来，并依照矩阵形式排列，然后把各种因素相互匹配起来加以分析，从中得出一系列相应的结论。结论通常带有一定的决策性，能够提升设计的逻辑性和科学性（图3-2）。

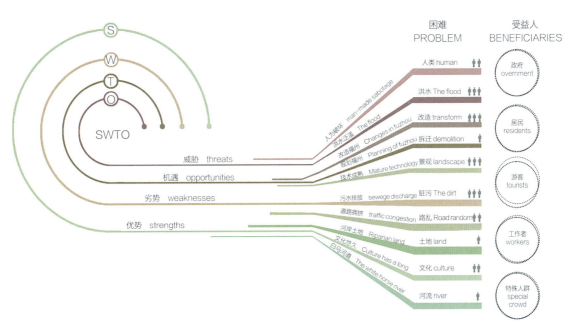

图3-2　SWOT分析图

（四）树状图

　　树状图是以数据树的图形表示，以层次结构来组织对象（图3-3）。

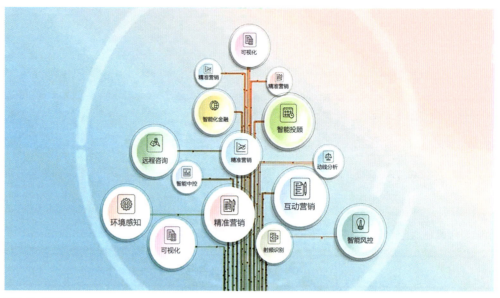

图3-3 树状图

二、数据统计图表

数据可视化一词，1989年由斯图尔特·卡德（Stuart K. Card）提出，指运用图形、颜色、立体、平面或动画等形式，对数据或信息加以更明确易懂的可视化解释。运用到设计项目中，通俗来说，是将调研收集到的数据统计、调研问卷等内容，通过运用计算机图形学和图像处理技术，借助人脑的视觉思维能力，将抽象的数据表现为可见的图形或图像。"数据可视化"是帮助人们发现数据中隐藏的内在规律，并进行交互处理和展示的方法和技术。日常统计中常用的数据可视化的图表类型包括柱状图、曲线图（折线图）和饼状图（面积图）。其中柱状图和曲线图多以坐标形式体现数据变化或比较关系；而饼状图是以面积形式体现个体数据与整体数据的比例关系。它们都是基于统计学而将各种数据进行规整和提炼，并以可视化的图像形式予以表现。图表用于罗列和展示前期调研数据，帮助设计师整理数据，梳理问题，更好地掌握场地状况。

随着各种数据生成与绘制软件的普及，各研究单位逐渐开始使用数字化表现手段取代手绘图形，各种新型的数据可视化表现形式与方法开始出现。其中静态图形包含极区图、桑基图、矩形式图、热力图、树状图、气泡图等；动态可视化形式是动画形式的动态图表。

本书重点介绍设计前期分析中常用的6类数据图表。

（一）柱形图/条形图

柱形图是最基本而且使用范围广泛的图表类型，也最容易解读。这源于它在形式和结构上的优势，以坐标系统为框架。此结构不仅利于表现单一数据，而且还可将多种数据罗列其中进行并列比较（图3-4）。

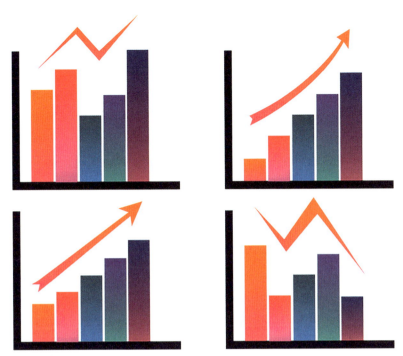

图3-4 柱形图

（二）饼状图

饼状图（图3-5）是一种划分为几个扇形的圆形统计图表类型，通常用来展现数据的分类和占比情况。尤其适用于突出表示某个部分在整体中的占比情况，如该部分所占比例达到总体的25%或50%时。环境设计前期设计分析多用作不同年龄段人群占比、不同占比分析等。

饼状图中还包含环形图（图3-6），展现数据的分类和占比情况，相比饼状图，环形图的可读性更高，可清晰地显示数量区别，通过面积、排列的不同来展示层次内部的占比关系。

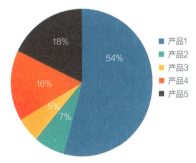

图3-5 饼状图

中国队奖牌分布

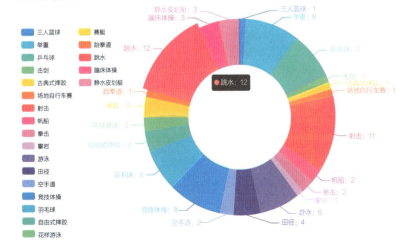

图3-6 环形图

图3-7 折线图

（三）折线图

折线图（图3-7）是常见的图表类型，是将同一数据系列的数据点在图上用直线连接起来，直线形式直观，主要用来表现数据随时间或者位置变化的过程和趋势。在设计前期分析中，折线图常用来表示某个事物在一段时间内的变化趋势，比如GDP变化、人流变化、周边建筑变化等内容。

（四）风玫瑰图

风玫瑰图（图3-8）根据各方向风的出现频率，以相应的比例长度（即极坐标系中的半径）表示，描在用8个或16个方位所表示的极坐标图上，然后将各相邻方向的端点用直线连接起来，绘成一个形式宛如玫瑰的闭合折线，即是风玫瑰图；用相同的统计方法表示绘制的各方向的平均风速，就成为风速玫瑰图。

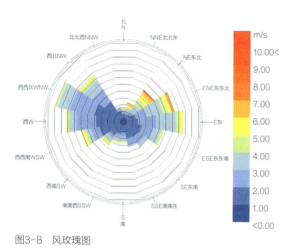

图3-8 风玫瑰图

（五）桑基图

桑基图（图3-9）是一种特定类型的流程图，图中延伸的分支的宽度对应数据流量的大小，起始流量总和始终与结束流量总和保持平衡，如能量流动等。桑基图可用来表示数据的流向，不适用于边的起始流量和结束流量不同的场景，如使用手机的品牌变化。

（六）散点图

通常是根据散点的大小、颜色、位置来表达维度数据，应用广泛（图3-10）。

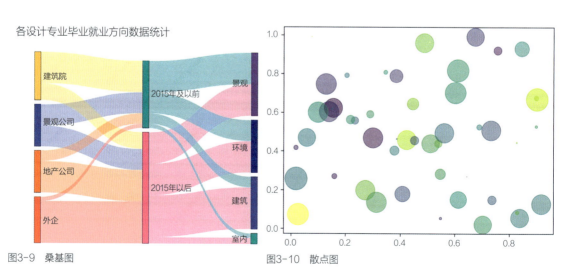

各设计专业毕业就业方向数据统计

图3-9 桑基图

图3-10 散点图

第二节 地图类分析图

一、爬取矢量地图

（1）爬取矢量地图需要用到Rhino和Grasshopper软件及插件工具。

（2）打开Rhino和Grasshopper，安装ELK插件。

安装方法：在grasshopper中，点击FILE/SPECAIL FOLDERS/COMPONENTS FOLDER，把插件文件夹放进去。

（3）在extra面板中选择elk插件中的location和OSM data电池。

设置：display/draw icon /draw full name

（4）连接电池（图3-11）。

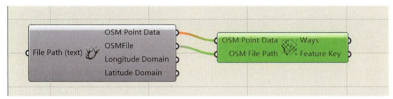

图3-11 连接电池

（5）输入文件夹路径file path（图3-12）方法：双击空白处—输入file path，连接。

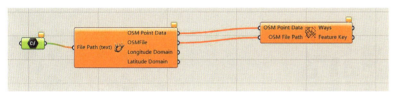

图3-12 输入文件

（6）载入OSM数据：file path/右键/select one exsiting file/map文件（OSM数据）。

（7）导入后，在OSM DATA电池点击鼠标中键/zoom，显示所有点。

（8）把所有点串联成线（图3-13）。

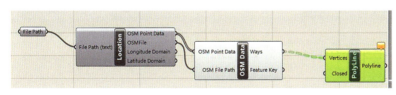

图3-13 curve面板——polyline curve电池

（9）道路系统（图3-14）。新建OSM data电池/连接2根线/在OSM data符号上点击feature type/highway/leisure/waterway/shop，在OSM

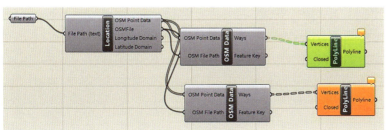

图3-14 道路系统

data鼠标中键disable preview/把所有点串联成线：curve面板/polyline curve电池，完成道路的数据导入。

（10）烘焙图层。polyline curve电池上鼠标点击右键"bake"（建筑选图层1，道路选图层2），在Rhino里显示图层。如果图层不显示，需要在Rhino中先设置好图层。

（11）Ctrl+A全选取所有图形，文件—导出选取物件——AI格式，完成矢量地图的导出。

二、场地分析（图3-15～图3-17）

获取地图数据、转为矢量文件后，就可以开始做分析图了。下面介绍场地分析图的制作方法，使用的软件工具具有：PS、AI、犀牛。

在Rhino中全选，文件–导出选取物件，储存成AI格式，然后在AI中打开文件，进行色块填充、排版设计等。

图3-15　主图处理：利用犀牛获得的线稿在AI软件中进行编辑，编辑线条、色块的颜色和粗细

图3-16　辅助小图处理：用同样的方法处理辅助小图，分别对应不同的分析内容，用不同的色彩表达

图3-17　将所有准备好的图进行排版，添加用于解释说明的图标，完成场地现状分析图

三、人群分析（图3-18~图3-22）

　　家庭居住成员组成为父母加三胎的家庭，通过对客户进行访谈调研，总结每个人对空间的使用需求，并用统一的色调加上形象化的图标这种可视化图纸的形式表现出来。

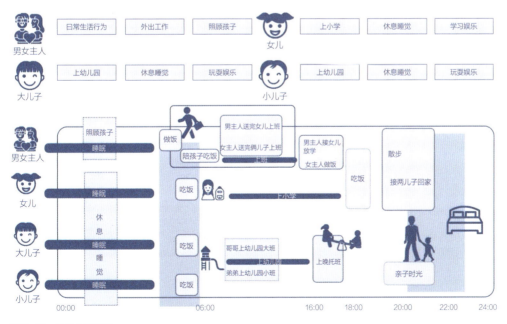

图3-18　居住人员设定

（一）准备图标

准备好各种需要用到的图标，统一图标的颜色。

图3-19　在Photoshop中编辑和更改图标的颜色

（二）排版：

利用标尺工具对图标和文字色块进行排版和对齐处理。

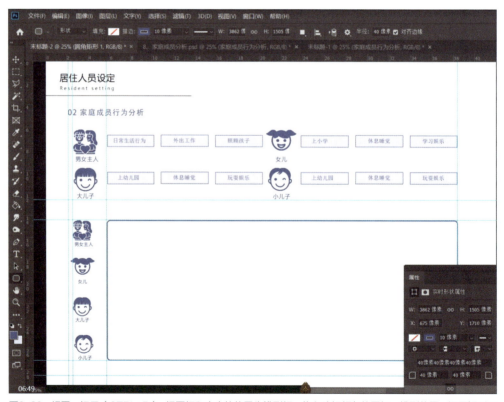

图3-20　视图—标尺（CTRL+R），把图标和文字的位置先排列好，拖入改好颜色的图标、排列位置，运用矩形工具、圆角矩形工具建立结构框架，完成上半部分

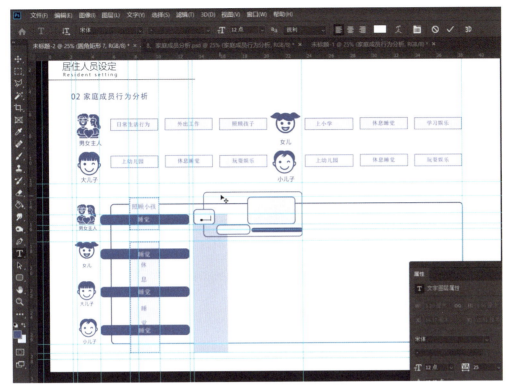

图3-21　继续添加下半部分行为活动内容的色块、图标、文字等

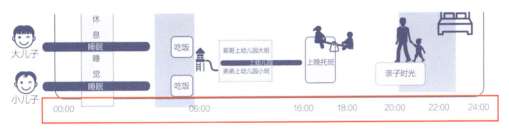

图3-22　在图片最下方添加时间轴

本章总结

　　理性的场地分析思路、可靠的信息数据支撑、多风格的可视化图纸表达，再将抽象数据与具象图纸融合，构成了设计方案的前期/场地分析图纸部分。只有做出扎实、科学的前期/场地分析可视化表达，后期的设计方案生成才能更加有理有据。

课后作业

　　（1）请阐述设计前期/场地分析包含的内容。

　　（2）模仿并绘制场地分析图。

思考拓展

　　徐汇跑道公园是SASAKI公司承担的上海城市更新景观设计项目。在设计前期考虑到项目所在场地的前身是上海龙华机场跑道，公园设计效仿机场跑道的动态特质，提取机场跑道的设计元素，采用多样化的线性空间将街道和公园组织成一个统一的跑道系统，满足汽车、自行车和行人的行进需要。前期调研阶段考察了长三角地区的植物种类，因地制宜地创造出多样的水生动物栖息地和优美的陆生环境。在灯光照明设计方面，路灯灯杆再现了对机场最为重要的通信和照明功能，呼应了基地的航空和工业历史。道路两旁的线状和点状灯具指示出昔日的机场跑道路线，是公园的标志性视觉元素。

　　请结合上述案例谈谈前期/场地分析对设计方案的生成有哪些方面的影响？

课程资源链接

课件

第四章　设计概念生成类图纸

　　概念是一种想法、理论或观念，但在设计中，我们也可以将概念描述为设计的"方法"。当我们想到设计概念时，也许会有一个抽象的想法，或一个在整个设计过程中不变的理念。但是情况并非一定如此，设计概念可以与许多因素相关联，并且可以随着设计过程的发展而发生变化。

　　设计概念的生成首先是对前期调研分析内容的整理和总结，通过前期对相关的各类影响因素和信息数据进行系统化梳理，准确解读各类现状环境条件之后，需要在充分理解设计条件的基础上，提出一定的设计策略，并形成初步的设计理念。而策略和理念的提出在设计初期往往是模糊且抽象的，随着设计思考的深入，需要不断对最初的理念进行调整、充实和完善。因此，在设计概念生成的过程中，需要综合运用多种图式，通过对比、类比等方式，阐述设计思路及创作思考过程。表达设计概念和理念的图式，一般需要具备"抽象示意"和"直观易懂"的特点。

　　建立了主题概念，意味着空间设计才能具有一定的特色和灵魂。概念确立的过程是一个从混沌到清晰、从碎片化的想法到具有线索性的系统化过程。将文化元素融入设计中是常见的一种方式，这同样是设计概念的有力支撑。文化是特殊地域或群体的价值观念的体现，同时体现地域或群体的普适特征。空间环境作为地域特征的基本载体，同样也是为一般群体或特殊群体服务的。因而，在设计伊始，在设计概念的确立阶段，将文化元素进行剖析或重构，将其定义为特定的设计形式和具有象征性的寓意，有助于设计方案的展开。而文化元素包罗万象，可以来自该地区的某种自然地理位置和气候形成的地理环境（图4-1）；可以来自历史长河中留存下来的建筑语言形式（图4-2）；也可以来自某种服饰或特殊材料、图形和结构等。

　　一系列的文化元素包含了天、地、人三者之间的某种联系，也包含了人的生活经验和价值观念，故在设计项目中运用它们时，具有一定关联性和指导性。①在传达自身设计理念的同时，设计师要对传统文化，尤其是地域文化作深入研究。②将地域及人文因素融入设计中，本身就是"以人为本"的体现。烘托某种空间氛围，塑造某种生活方式，传递某种人与空间的关系等都是设计概念的一种形式，而设计概念的形式则可以通过特定的语言元素来表达，两者是紧密关联的。下面分别介绍室内空间、建筑设计和景观设计概念生成类图纸。

图4-1　宁夏彭阳县梯田航拍

图4-2　福建龙岩永定土楼

第一节　室内设计概念生成图纸

室内设计中的设计概念是指设计师运用形象思维方式，对设计项目经过综合分析之后，做出对空间总体艺术形象的设计构思。设计概念在室内设计中起着传达文化内涵的作用，学习和掌握设计概念是室内设计形式创新、空间个性化的必经之路，对于设计师设计能力的提高具有积极的意义。每个设计项目都需要核心设计概念，它界定了需遵循的主导设计理念。应更多地依靠理性和富有洞察力的思维而不是灵感的闪现来定义设计概念。只有了解项目的特殊性，才能根据具体情况确定设计概念。设计概念可以是哲学的（所有人都有相等的空间），也可以与某些主题、功能（分离两个不同群体的双布局）、艺术（大胆色彩的平衡组合）、情绪（一个体现宁静的地方）相关；或风格面向未来，同时保持根植于过去的传统。设计概念可以通过口头陈述、概念图说明、概念草图来表达。

一些国外院校的室内设计专业，在前期设计概念的教学过程中，会要求学生使用一些图表或以草图的形式去创作。这种方式可以快速地训练学生对空间可能性的思考和探索能力，以及如何将设计概念和功能联系起来。如图4-3所示，通过手绘草图展示室内设计前期概念设计，来思考对室内空间的构想。

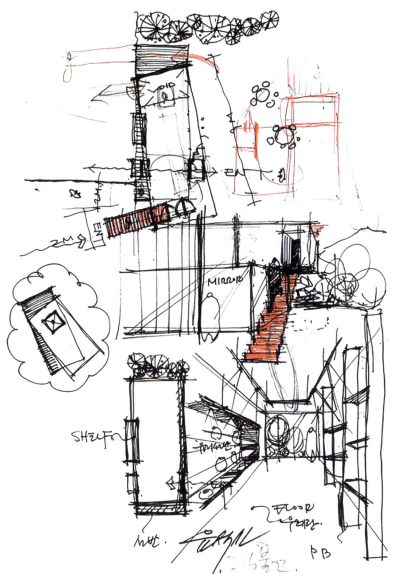

图4-3　室内设计前期概念设计草图

案例：记忆的编织（THE WEAVE OF MEMORIES）餐厅设计

该项目设计概念中，引入以"莞草"命名的东莞草，一种当地典型的植物，在众多装饰、工具、建筑、服装等设计中得到广泛利用。编织技术的几何性非常独特，是当地的视觉文化特色。项目概念通过设计来强调和延展"莞草"概念，结合沃歌斯（Wagas）品牌概念强化社区，使其成为沃歌斯文化与东莞工业身份之间的桥梁（图4-4）。

莞草　　莞草　　编织手法　　编织成果　　成果提取　　提取重组
Guan Grass　Guan Grass　Weaving　Achievements　Element　Reorganization

通过莞草编织形式演变 衍生出不同的产物 运用在展馆空间或者餐厅
Different products derived from the evolution of guancao weaving form are used
in exhibition hall space or restaurant

图4-4　设计概念形态演变

　　该项目的设计概念转换过程，采用一种具象的物质，以其造型形态演变成新的形态，运用在空间中的一次实践。这也是学院派常见的一种设计概念生成形式，运用Photoshop或者AI平面类软件进行形态的提取及转变，比较容易上手掌握（图4-5、图4-6）。

图4-5　设计概念与效果图呈现（一）

图4-6　设计概念与效果图呈现（二）

第二节　建筑设计概念生成图纸

　　近年来一些项目，特别是商业性质的设计项目，其建筑外观通常具有较高的可识别性和语言特殊性（图4-7、图4-8）。建筑设计本身在一定程度上是地域文化元素及企业自身元素的综合呈现。因此，从这个角度来讲，项目元素可作为室内空间环境设计的部分依据，即将建筑语言元素有机组合与重构，进而运用到内部空间设计中。

图4-7　建筑外观造型语言

图4-8　建筑语言元素在室内空间的延续

设计概念不仅承载了前期的设计调研分析，还包含了后续展开整个作品设计的切入点。所以，一定要将前期的思维发散和调研信息进行整合，给出初步的设计构想和大纲分析。这类图纸与前文提到的形体生成图有类似之处。

建筑设计的概念来源通常有几个方面，如场地特色、周边环境、功能及人群需求（图4-9）、材质材料、文化哲学思想、建筑类型学等，而表达设计概念生成的可视化图纸形式有思维导图类、手绘示意类、理念隐喻类、矩阵说明类、模型分析类（图4-10~图4-13）等。建筑概念生成分析图是表达设计思维和理念的重要部分，这类图纸不是追求绚烂的效果，而是清晰表达设计意图，将一个复杂难懂的设计概念用多个简单清晰且易于理解的图像表现出来。

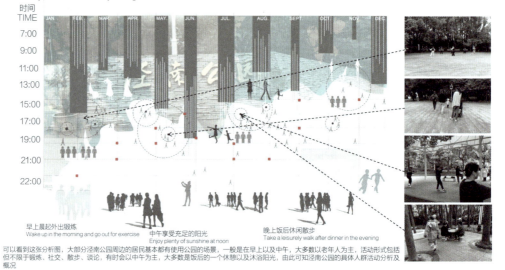

图4-9 人群需求

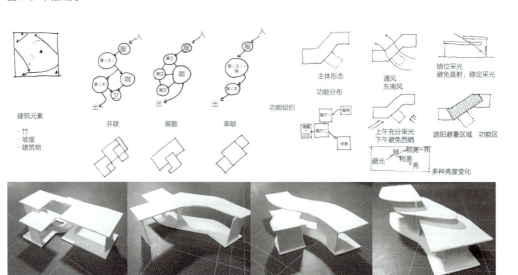

图4-10 建筑设计概念生成

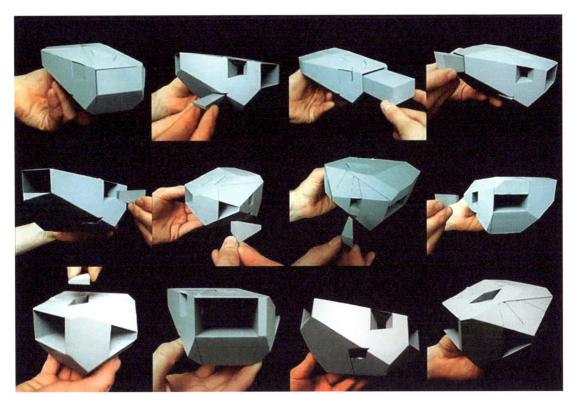

图4-11　模型分析类设计概念（一）

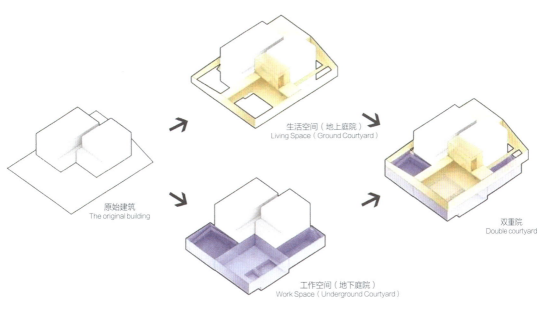

生活空间（地上庭院）
Living Space（Ground Courtyard）

原始建筑
The original building

工作空间（地下庭院）
Work Space（Underground Courtyard）

双重院
Double courtyard

图4-12　模型分析类设计概念（二）

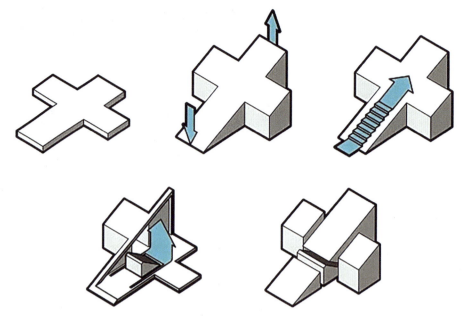

图4-13 模型分析类设计概念（三）

第三节 景观设计概念生成图纸

　　如果说建筑设计概念是"体块"的拼搭游戏，那么景观设计概念涉及的元素则要复杂一些。美国著名建筑学家凯文·林奇在代表作《城市意象》中提出了景观空间设计的五要素：道路、边界、区域、节点、标志物。五要素强调城市的景观是人们可见、可忆、可喜的源泉，赋予城市视觉形态一种特殊而新颖的设计理念，人们通过对这些符号的观察和识别而形成感觉，从而逐步认识城市本质。

　　形式语言更多倾向于可读的造型或色彩等外在形式。如果说概念是抽象的思维层面，那么形式则是具象的物质层面。前文提到文化元素和项目元素可作为设计概念提出与确立的依据，而形式语言的提炼和运用则是对设计概念的"佐证"与"解说"，两者的高度契合是设计有机统一的前提。例如，依据本土文化元素，将设计概念确立为"营造具有生态自然气息的空间"，那么这种特定的概念定位就必须通过具有这一特征的形式语言去烘托和展现，植物、水等天然的素材可作为具有支撑性的语言体系，反之工业性或具有较强人工属性的其他元素则不适用于这一概念范畴。而提到工业性、工业风等，人们会通过金属性这一元素去塑造空间。

　　在设计概念阶段，草图一般都是设计师自我交流的产物，只要能表达自己看得懂的完整的空间信息，并不在乎图面表现效果的好坏。将自己的想法和概念提炼成抽象的视觉语言表达出来，这就要进一步学习设计的多维度语言转换方式。故此，语言的转换方式是十分重要的。然而将设计想法和概念转换为特定的视觉语言，另一个重要因素是语言元素的系统性和多样性。生态自然气息可通过植物、水等元素进行表现，水、植物的元素形式表达也可以是多样化的，如图4-14所示。

波纹

涟漪

水滴

图4-14　水元素造型语言的解析。水可以产生波纹、产生涟漪、激起水花（水元素造型语言的解析）。在空间中的组织运用同样是具有多种可能性的。而形式语言的最终提取和组合，前提是以设计概念为依据，将两者有机契合才能形成具有一定关联的体系。因此，形式语言和设计概念两者的关系具有一定的彻底性即贯穿始终，强化性即造型表达，排他性即特定的形式和系统性有机地组合与统一

　　景观设计概念生成类的图纸有场地现状类（图4-15）、几何形体类、抽象隐喻类（图4-16）、文化表达类（图4-17）等。景观设计概念通常需要通过前期的概念策划表达出优美的意境，使方案平面图在形式上具备强烈的构成美感。不管是直线、曲线、折线，还是混合线条构成，一般都需要在平面方案中体现设计概念或设计元素的呼应性。

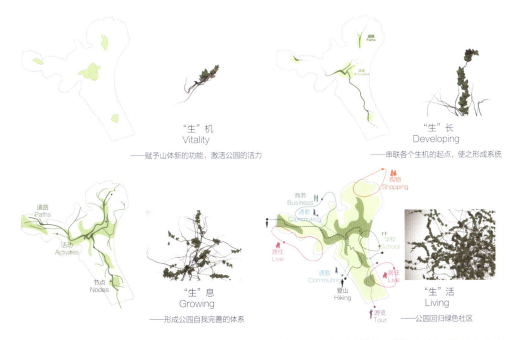

"生"机
Vitality
——赋予山体新的功能，激活公园的活力

"生"长
Developing
——串联各个生机的起点，使之形成系统

"生"息
Growing
——形成公园自我完善的体系

"生"活
Living
——公园回归绿色社区

图4-15　湖南长沙梅溪湖梅岭公园景观提升改造设计概念生成图，属于场地现状类，利用场地中现存的几座山体，通过公园景观将山体串联起来，形成公园的自我完整体系，又将公园景观还给社区居民，形成"生机场地现状类、生长、生息、生活"的设计概念

概念演化
Concept generation

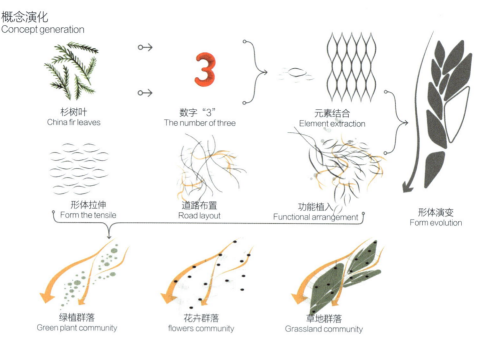

杉树叶
China fir leaves

数字"3"
The number of three

元素结合
Element extraction

形体演变
Form evolution

形体拉伸
Form the tensile

道路布置
Road layout

功能植入
Functional arrangement

绿植群落
Green plant community

花卉群落
flowers community

草地群落
Grassland community

图4-16　提炼的元素是"杉树叶"和数字"3"的结合，并将具体的元素演变为抽象的曲线形态，运用在绿植、花卉和草地的群落布置中

设计方案——元素提炼
THE EARLY STAGE OF THE ANALYSIS

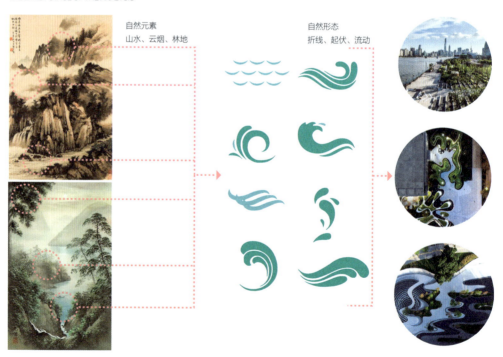

自然元素
山水、云烟、林地

自然形态
折线、起伏、流动

图4-17　某商业中心附属绿地景观设计的概念生成图，此项目所在地有几位比较有名的书画家，绘制了一些和当地文化相关的山水画作，再将画中的山水、云烟、林地等元素提炼出来的云纹、水纹样式，在景观设计中营造起伏、流动的自然形态。因此，这张图纸属于文化表达类的概念生成图

本章总结

　　"设计概念"是一个比较宽的范畴，可以是某种观念或理念的体现，亦可是某种想法的组成因素。从设计角度来讲，多数情况下会被归结为某种主题或文化内涵，而这种内涵最终又会回归到设计方案中。由此可见，设计概念的提出与确立可谓是重中之重，像是一曲交响乐的指挥棒，统领和协调后续的各阶段设计工作。

课后作业

　　（1）请阐述设计概念确立的方法和步骤。
　　（2）模仿并绘制图建筑概念生成分析图，储存为jpg格式、300dpi以上的图片。

思考拓展

　　设计概念的确立是方案设计的前奏和指导。概念可延伸为"主题"，主题也更容易衍生出"元素"，进而演变为具有可读性的造型形式。以此为基础，请挑选你所在城市的公园或景区，调研查询其设计概念，并在课堂上阐述和分析其设计概念如何表现在造型形式上。

课程资源链接

课件

第五章　设计过程推演类图纸

　　设计推演的主要目的是针对设计任务书中的各种设计要求，逐一梳理设计中需要解决的问题，快速组织设计语言而形成设计构思。设计推演的过程是一个设计思维不断演化和设计灵感瞬间捕捉的过程，会产生许多生动、有趣的设计图解内容，它们是设计师在设计分析和问题解答过程的直观表现。这种思维方式具有较强的灵活性和连续性，其设计效果充满了生动的艺术情趣、鲜明的个人色彩和强烈的艺术效果。

第一节　室内空间设计推演

　　室内设计中，设计概念和主题仅靠语言描述是无法有效传达的，必须借助图表的配合，概念分析图就承载了这样的功能，在室内设计中可以视为设计的核心，所以掌握其绘制表现技巧尤为重要。室内空间设计推演分为两个阶段——方案气泡图阶段和深化方案阶段。

一、阶段一：方案气泡图

　　方案气泡图能够解释和表现设计思维的推演过程，一般分为三种表现类型。

　　（1）类型一：标示出整个项目中局部之间的相互关联（图5-1）。

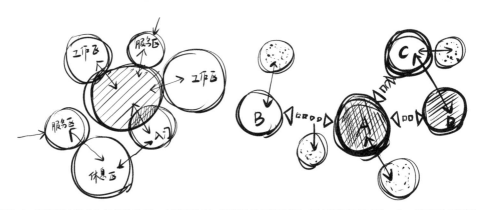

图5-1　气泡图中整体与局部的关系。右图表达出一种设计的层级意识，不仅强调了空间A、B、C和D的重要性，能使我们了解空间A与B、C、D之间的关系（相互关联的需求程度）

（2）类型二：框定在原始结构的区域中，用绘制气泡和室内动线的方式进行空间设计，表现出缓冲的空间要素、分隔及视野（图5-2）。

（3）类型三：这种形式的图形与气泡形状不同，呈现出一种矩形块状形式。它更趋向于最终完成的平面形式。图解形式与完成的平面图非常相似，虽然显得潦草和概括，但是对推敲和沟通平面设计的形式起到了良好的作用（图5-3）。

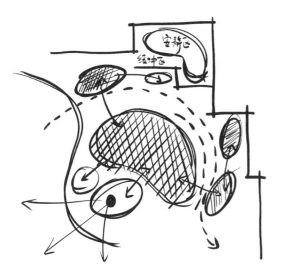

图5-2　气泡图（一）

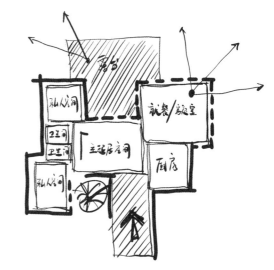

图5-3　气泡图（二）

二、阶段二：深化方案阶段

通过前期的气泡图，完成基本空间布局，接下来就是深化方案。深化方案共有两层含义：第一，方案细节化；第二，优化方案，在居住空间设计方面也称为户型优化。户型优化指针对空间本身存在的缺陷问题或与客户需求有冲突的部分，从客户的习惯、爱好、需求等出发解决这些问题和矛盾，设计出更舒适、更方便的空间格局。

想做出优质的平面方案，一定要有系统且符合逻辑的思路。下面以家装设计为例介绍方案优化的三步骤。

（一）前期阶段分析

首先应对户型原始结构进行前期阶段的分析，主要分析3个方面内容。

（1）认识基本的户型结构（图5-4），了解整个户型的朝向、采光情况；熟悉空间中的管道、下水、烟道位置；明确横梁、柱体、承重墙的位置等；分析空间中原始户型存在的一些缺陷或不合理的地方。

（2）沟通了解客户家中人口数、工作、生活喜好、习惯、老人和孩子的情况等，理解客户真正的设计需求，并推理出潜在需求。

（3）分析原户型中每个空间的功能，找到确定性和冲突，根据现有的条件和需求，明确空间位置，做出多种不同的方案。

（二）空间区块划分

经过前期分析阶段，接下来打散结构，按照一定的逻辑次序重新排布。注意每个空间区块之间的面积比例是否均衡协调，位置关系是否合理，形态是否规整，采光和通风的效果如何。另一方面，找出客户的生活需求和户型结构有冲突的地方，然后进行优化（图5-5）。

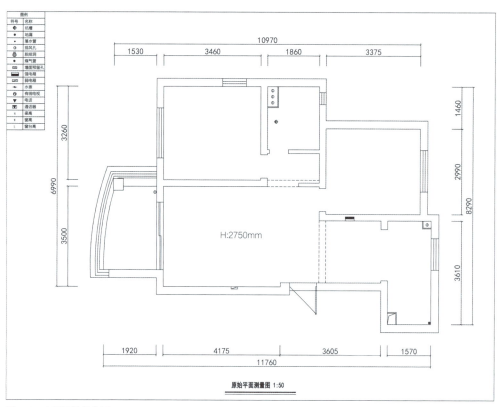

图5-4　户型原始结构图

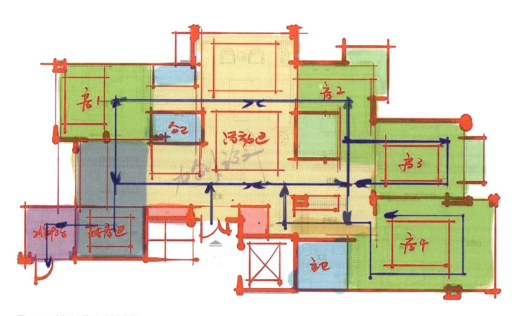

图5-5　空间功能区块划分图

（三）动线规划

确定空间的区块划分后，再进行动线的规划设计。在规划动线时，要遵循既短且方便的核心原则，再注意动线设计的方法：划分好公私区域、动静区域（图5-6）；根据每个空间的功能属性和生活习惯，确定整个空间的主要动线；规划每个空间内部的次要动线（图5-7）；一些必要的区域适当可以考虑设置洄游动线，优化空间体验感和趣味感。

静区

动区

图5-6　动静分区

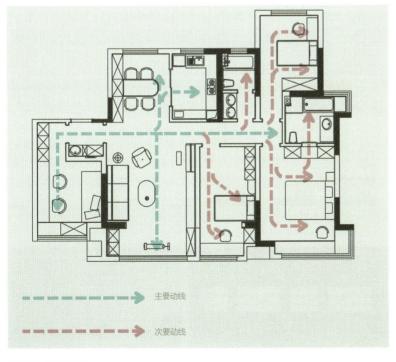

主要动线

次要动线

图5-7　动线规划

资源链接：常用的户型优化设计手法

第二节　建筑设计过程推演

建筑设计推演与前期分析和设计概念是承接关系，是在用建筑语言来回应前期分析的内容，并将这个过程用可视化的图纸表达出来。

案例1：气候分析

此案例是由非常建筑设计工作室于2003年建成的某办公大楼，是典型的由气候分析结果主导方案推演的案例。该办公楼位于广东东莞，当地气候湿热，北方的办公楼形式显然不适应当地气候，建筑师张永和以此为出发点，设计出一栋符合南方气候条件的办公大楼。设计中充分利用被动太阳能技术；在东西向上，建筑切为三个薄片形式，以形成好的空气流通；南向的柱廊既作为遮阳设施又塑造对外形象；而顶层的水平遮阳系统则减少屋面受到的辐射热，同时又限定了建筑之间的公共空间。以下是建筑的生成过程（图5-8）。

1. 一栋建筑　　2. 拆分体块，使建筑自然通风　　3. 水平遮阳屋顶　　4. 营造了凉爽的休息和活动空间

5. 提炼出建筑形象符号　　6. 作为竖向遮阳板的同时塑造立面　　7. 最终效果

图5-8　中，建筑师用体块拆分、增添遮阳构件等手法来回应环境分析中得到的气候因素，并为其选择恰当的形式语言，使之符合建筑的身份和象征

案例2：文化背景（图5-9）

此案例为朱锫建筑设计事务项目，属于比较典型的从文化意向出发进行设计推演的案例。北京石景山文化中心倚靠西山，永定河沿此流过，

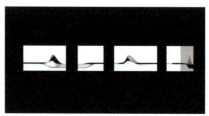 

图5-9　北京石景山文化中心

特殊的历史文脉奠定了设计的出发点。该案例中，建筑师从人与自然的关系，以及山石之形出发，抽象出建筑的形式语言，并融入功能，形成最终的建筑形态。这属于文化类建筑设计中较常用的手法。

案例3：周边肌理

此案例是B.I.G事务所2011年设计的美国金博尔艺术中心，是从周边肌理出发进行设计推演的典型案例。设计从城市的背景入手。项目所在的城市自20世纪60年代矿产业入驻以来，经历多次转型。2012年，新的艺术中心成为城市的一个焦点，Heber大道与城市主路在此相交；艺术中心现存的部分面朝公园大道，它曾是这座城市的生命线；新建美术馆的底层部分面朝城市主街；新建美术馆的顶层部分面朝Heber大道。这个项目中，建筑师用"扭转、混接"的建筑语言，使建筑同时回应城市肌理与文脉。B.I.G的这一组分析图同时包含了前期分析和设计推演的图纸，便于理解前期分析与设计推演之间的关系（图5-10）。

图5-10　美国金博尔艺术中心建筑形态形成过程

案例4：场地人工要素

场地的构成可以分为人工要素和自然要素两部分，纽约新世贸中心2号楼（2WTC）是B.I.G事务所2015年设计的一个项目，可以说是场地构成中人工要素推进设计的经典案例。2WTC项目位于纽约两个不同的片区之间，一边是具有一定历史感的居住社区，一边是高度现代化的金融社区。业主希望结合两个不同片区的建筑特征，以呼应场地肌理与场地文脉，确定设计的基调（图5-11）。

根据业主的功能需求，建筑设计为7个体块堆叠的形式。建筑师对建筑体量进行切割，与场地旁的教堂产生联系。保留它与城市公共空间的视觉联系，展示建筑形体对场地周边要素的表达。不同形态的体块堆叠形成倾斜的建筑轮廓线，与相邻场地的纽约新世贸中心1号楼（1WTC）形成形态上的互补。建筑面向教堂形成退台，并且种满绿植，将地平线上的绿色延伸至垂直方向，将周边的各城市要素联系起来。

THE SITE 基地

TRANSITION BETWEEN TYPOLOGIES 类型转换

BUILT ON A STRONG FOUNDATION 建立体块

LEANING TOWARDS 1 WTC 倾向形态互补

STEPPING TERRACES TO ST. PAUL'S CHAPEL 与教堂的关系

2 WTC 纽约新世贸中心2号楼

图5-11　纽约新世贸中心2号楼

案例5：场地自然要素

2004年建成的柿子林会馆（图5-12）是场地中自然要素该如何设计和表达的典型案例。为了更好地呈现和突出建筑周围优美的自然环境，设计以"取景器"的方式来进行。

图5-12　柿子林会馆

作为取景器的建筑单体共有9个，分别面向不同的方向与景观。建筑两侧承重墙呈八字关系；屋顶倾斜，构成坡屋面限定和分隔空间；落地窗可作为"取景器"的"镜头"。在尽量保留场地要素的情况下，建筑单体间的柿子树得以保留，建筑与景观相互融合，重新建立建筑与基地的关系。这个案例中，建筑对环境的尊重，建筑与景观的互动关系，都是在自然环境中进行建筑设计的常用手法，值得学习（图5-13）。

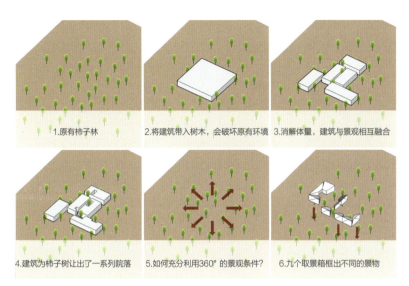

1.原有柿子林　　2.将建筑带入树木，会破坏原有环境　　3.消解体量，建筑与景观相互融合

4.建筑为柿子树让出了一系列院落　　5.如何充分利用360°的景观条件？　　6.九个取景框框出不同的景物

图5-13　场地自然要素与建筑的关系推演

第三节　景观设计过程推演

设计推演作为景观设计师概念构思和方案推敲的重要手段，历来是景观设计师综合素质的重要体现，也是景观设计人才选拔的重要考察点，还是景观设计课程不可或缺的教学内容。作为一种独立的、高效的设计表述方法，它具有相对完整的设计构思和设计图纸内容。其中，概念构思部分的图解内容具有较强的说服力、感染力和表现力，充分展现其优势。快速推演所表达的图纸内容应该保证全面的一致性和完整性。

下面将介绍几个景观设计过程推演的实践案例。

（1）案例1：该项目是一个100m²左右的花园庭院景观设计，业主需要有一定的活动空间，有种植花草的需求，希望平常能约朋友到院子里烧烤与聊天。整体的设计推演过程先采用手绘草图的形式，再到针管笔的正图，最后用Photoshop表达总平面图纸，整体符合功能和展示需求，属于比较中规中矩的设计推演表达方式（图5-14～图5-18）。

（2）案例2：该案例为温州七都岛某售楼处景观设计，场地紧邻街角，尺度狭长，转角处是主要人流汇集点及对市政展示的第一界面打造入口广场；转折进入围合式的内庭空间，感受林间穿行的静谧悠然；水院空间凸显品质感。

🖉 资源链接：温州七都岛某售楼处景观设计

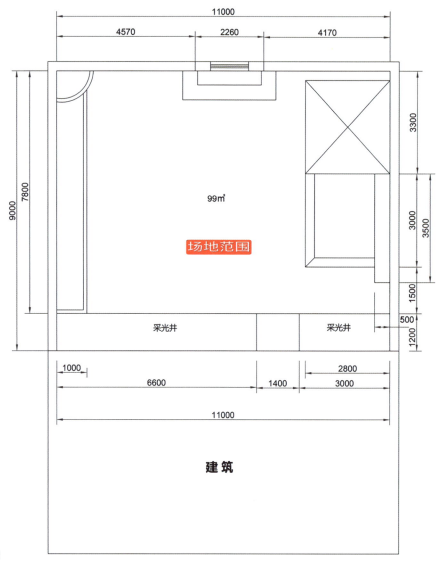

图5-14 原始场地平面图

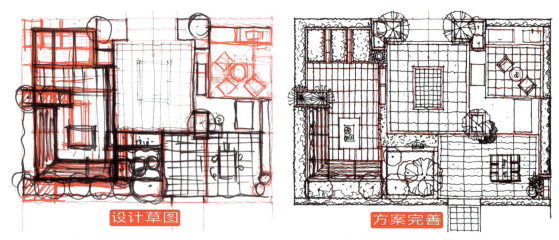

图5-15 设计草图

图5-16 方案完善

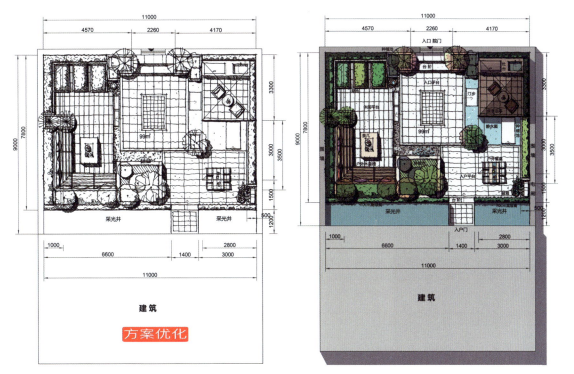

图5-17 方案优化

图5-18 最终方案

（3）案例3：该案例为河北献县某幼儿园设计（众建筑设计公司设计）。引入一个有顶的环状走廊，将新旧不同的学习空间连接起来，让园内各种分散的空间元素编织为一体。环状走廊就像一个大的社会凝聚器，不同年龄段的孩子可以混合在空间中根据不同的课程与兴趣一起活动。在西侧，环状走廊与新建的多功能厅连接；而在东侧，环状走廊与大门厅相连，为家长等待空间。资源链接中的动图全面展示了如何将这些学习空间串联的过程（图5-19）。

资源链接：献县某幼儿园设计

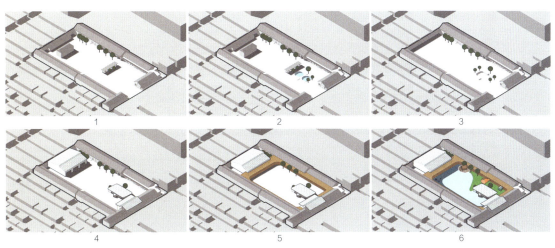

图5-19 将所有需要用的单张图片制作完成，编辑图片名称，排出序号

（4）案例4：该案例为奥雅景观设计公司设计的济南中海阅麓山示范区树洞精灵乐园。设计团队创造了一个更为自然而亲切的空间，让社区的孩子们能够直接来到场地。场地采用坡面的形式解决高差，把阳光、树木、水等自然元素引入场地中，让孩子们近距离地感受大自然的美妙。

📎 资源链接：济南中海阅麓山示范区树洞精灵乐园设计

GIF动图是景观设计过程推演的一种较好的表达形式，能够很好地将设计的不同阶段或不同的重点区域展现出来。以下案例是以GIF动图的形式对景观设计推演过程进行展示。这种GIF动图需要使用Photoshop软件，制作方法如图5-20~图5-24所示。

图5-20　点击菜单栏上的文件-脚本-将文件载入堆栈-浏览-加入图片，将所有图片导入Photoshop软件

图5-21　在菜单栏点击窗口-时间轴-点击"创建帧动画"按钮，设置：选择"从图层建立帧"和"反向帧"

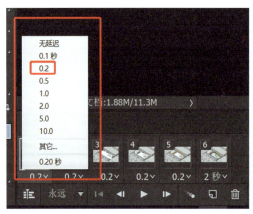

图5-22　将最后一张图切换时间改为2s，此外，将所有其他图切换时间改为0.2s，循环方式改为"永远"，这样GIF图就会一直循环播放，可以点击播放按钮预览效果

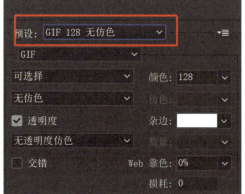

图5-23　点击菜单栏的文件-导出-储存为web所用格式，可以选择GIF图的大小和色彩。32、60、128表示颜色色位值，值越大颜色越细腻，图片质量越高。仿色即仿造颜色，主要应用在用较少的颜色，来表达较丰富的色彩过渡。比较而言，不仿色的色彩更丰富细腻，图片质量也更高。制作GIF图建议最好使用不仿色，但是图片大小也会相应增加，可以根据自己的需求去设置。当然，在需要降低文件大小，或者在系统不支持高质量颜色位数的时候选择仿色更佳

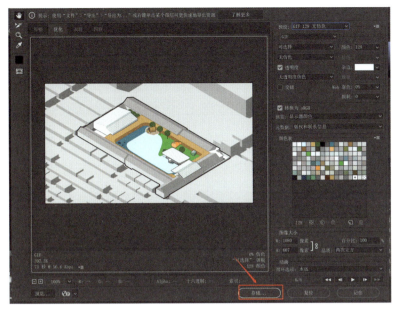

图5-24 点击储存，编辑文件名，保存到相应的位置，完成GIF的制作。这种GIF动图的制作还可以运用在效果图的制作中，如可以表达室内从暗到亮的过程、家具的位置移动、门窗的开合、家具的不同摆放方式等，这也是一种很好的环境设计可视化表达方式

本章总结

设计推演过程包含一系列需要发现和解决的问题，其操作过程是发现、分析和解决问题的连续性过程。学习不仅要带着问题意识，而且还要掌握正确的学习方法，明确不同项目的差异性和特点，杜绝生搬硬套、与场地无关的设计方法和设计形式，解决方案应具有鲜明性和适宜性；培养基于个人感受和经验为依据的空间构想，同时借助推理式的理性分析，共同形成综合的设计概念，进而实现设计概念向三维空间的转译过程，绘制出能够更好阐释设计的推演类图纸。

课后作业

（1）请阐述室内、建筑、景观设计推演的不同之处。
（2）请回答家装设计方案优化的四步骤。
（3）模仿并练习绘制设计推演GIF动图。

思考拓展

大部分设计推演类图纸在短时间内无法实现深入权衡设计中需要解决的各种问题和矛盾，只能集中精力重点解决全局性和关键性的主要问题。例如，空间结构构建、道路系统组织、软景与硬景布局、重点空间形体塑造等内容。请思考设计推演类图纸只能解决设计中的某个全局性或关键性问题的原因。

课程资源链接

课件

第六章 设计成果表达

环境设计成果表达可视化形式涵盖很多类型，有彩色平面图、效果图、成果表达类分析图、展板、文本、视频、实体模型等。它们都属于设计成果表达的范畴。

第一节　居住空间设计成果表达

一、效果图

居住空间设计的效果图一般采用LUMION、Enscape等渲染软件制作，后期再结合Photoshop进行处理。此外，运用SU模型结合各种素材的拼贴风效果图也日益流行。本书将介绍一个客厅拼贴风效果图制作流程。

前期准备：安装"坯子库"和"一键通道"插件。

接下来简述室内拼贴风效果图实践步骤。

（1）模型准备（图6-1）。建模过程需要注意：首先，最好将玻璃的部分留空；其次，在时间精力充足的条件下将模型建得尽量细致，这样可以使后期的图面更显丰富。

📎 资源链接：拼贴风效果图前期准备两个插件安装步骤

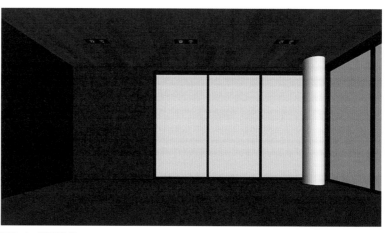

图6-1　模型准备

（2）基础图准备（图6-2～图6-5）。这一步骤中，我们要利用"一键通道"插件，在SkechUp中分别导出5张图：灰度图、材质颜色图、阴影图、纹理图和线稿图。导图过程中要注意保证角度一致。同时将导出设置中的宽度选项调整为8000左右，保证图片的高清度，导出png格式。具体导图方法以"灰度"模式为例。

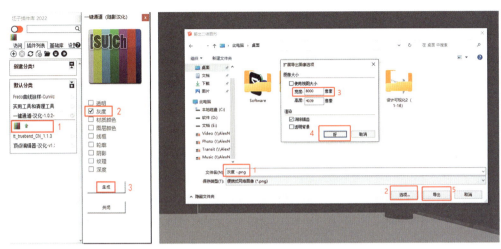

图6-2　以"灰度模式"为例的　图6-3　以"灰度模式"为例的导图步骤2
导图步骤1

图6-4　"灰度模式"示意图

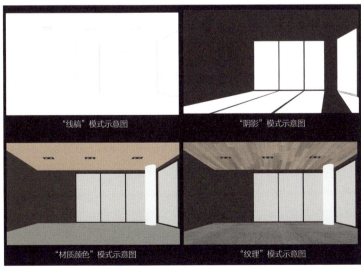

图6-5　其他模式示意图

（3）后期处理（图6-6～图6-9）。打开Photoshop软件，把导出来的五张图分别导入且命名。"纹理"置于最底层，"灰度"改叠加模式叠加；"阴影"改叠加模式为"正片叠底"，降低透明度；"线稿"图层：打开色阶，降低灰度，叠加模式改为滤色。

图6-6 "灰度"图层设置　　　　　　　　　　图6-7 "阴影"图层设置

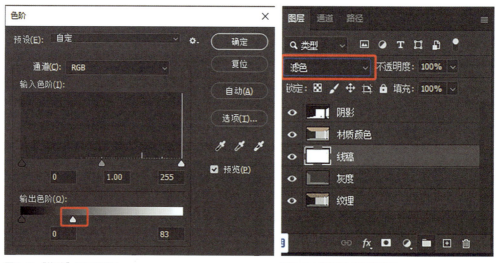

图6-8 "线稿"图层设置1　　　　　　　　　图6-9 "线稿"图层设置2

接下来从准备好的素材中，把天空素材拖曳进来，放置于窗户的位置处，改为"天空"图层。再在纹理层图层中选中玻璃窗户并建立选区，再换到"天空"图层，添加蒙版（图6-10）。

图6-10　添加背景天空

添加人物、软装等场景细节，所有的元素注意比例尺度、前后空间关系，元素要融入场景中。拼贴图可以给我们最大的自由度来操作每一个部分贴图的效果（图6-11）。

图6-11　素材导入，构建场景

（4）整体调整，添加纹理。可以通过Camera Raw进行整理调色、细节处理，如光的微妙变化，可以根据光的原理，利用加深减淡工具来调整（图6-12）。

图6-12 拼贴风效果图完成图参考

相比渲染效果图，拼贴风效果图在省时省力的同时，能够提供更大的空间设计自由度并实现可以即时调整和控制画面的各个部分。它既可以单独调整地板的贴图大小、装饰画的对比度，又可以调整整体的颜色饱和度等，便于得到期望的效果图。

二、成果表达类分析图

居住空间设计成果表达类分析图包括成果从整体到局部的各个方面。表达效果在满足生动全面的同时，对图形绘制和信息表达的准确性有着较高的要求。常用图式以经典技术性表达为主，如平面图、立面图、剖面图、轴测图等。

居住空间设计成果表达类分析图又分为彩色平面图、功能分析图、流线分析图、情境模拟分析图、轴测单独空间分析图等。

（一）彩色平面图

首先，用CAD布好平面布置图，注意CAD作图过程中应建立区分图层的好习惯。分别在CAD中打印导出线稿、墙体、家具三个图层，再将三个文件导入Photoshop。叠加三个图层之后，添加背景白色图层，承重墙体填充冷灰色，并建立墙体图层。给家具填充白色，并添加投影，效果如图6-13所示。

其次，填充地面材质，拖入提前准备好的材质图片，通过缩放、拼接、删改的方式将地面铺平整（图6-14）。注意铺贴比例的舒适性。利用加深减淡工具，根据光的方向调整地面材质色调。同时家具图层反选中所有家具，填充白色，图层添加投影，凸显家具的立体感。

再次，新建"氛围"图层，铺上地毯，添加绿植等，画出灯光、水池。灯光效果只需要调节画笔属性（点击一两次即可），图层混合模式为正片叠底。水池选择水槽的形状并且建立选区，用蓝色填充，此处用蓝色渐变色进行填充（注意以上图层都要位于线稿图层下）。

最后，添加文字，调整细节（图6-15）。

图6-13 填充承重墙体和家具

图6-14 填充地面材质

图6-15 彩色平面完成图参考

（二）居住空间轴测图

室内轴测图能更好地展现出设计方案的室内空间环境，富有立体感的场景图纸也更具有艺术感。室内轴测图主要反映与展现设计方案中室内环境与人物活动之间的关系；同时以人物、软装为参照，检验空间的尺度是否合理，家装摆放是否恰到好处。轴测图更加偏向分析图性质，出发点主要有：人物对话与活动场景表现、建筑功能块或区域引注、功能流线突出性表达。将分析性表达与效果图表现结合的复合型图纸，更有利于对方案故事的呈现和逻辑的完整表达。

空间单体轴测图一般是运用SU与Photoshop软件来制作。以下是一个主要运用Photoshop来制作室内轴测插画风效果图的案例（图6-16）。

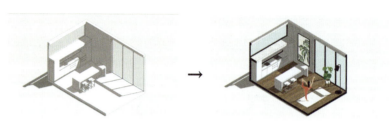

图6-16　原模型与完成图

（1）在SU中建立模型，菜单栏中选择相机—标准视图—轴视图。模型样式（风格）调整为消隐模式（hidden line），并在视图下打开阴影，调整时刻，把场景空间的阴影长度、阴影方向调整到合适的长度和位置。再导出二维图形（图6-17）。

（2）把图导入Photoshop，把图拖到灰色背景板上；再分别给空间不同材质界面赋予颜色：选择横截面，新建立一个图层，填充黑色；选择玻璃材质选区，新建立一个图层，填充蓝色，并将不透明度调整到35%左右；门框、窗框内外侧分别填充黑色和深灰色（稍作区别）；丰富场景软装、增加人物注意比例尺度区别，给人物增加白色描边，增加细节感（图6-18～图6-20）。

（3）整理场景，添加光影细节等（图6-21）。

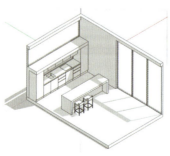

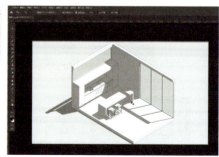

图6-17　在消隐模式下，打开、调整　图6-18　在Photoshop中打开图片
阴影

横截面、门、窗框材质填充　　　　　　地面、墙面和柜体材质填充

图6-19　材质填充

图6-20　丰富场景（人物、装饰画、绿植　图6-21　轴测完成图参考
添加）

（三）文本

文本的制作同样要注意画风、构图结构和字体的设计。第二章中介绍了一般文本的基本组成内容，这里讲解居住空间设计文本制作的方法。

室内设计文本构成基本包括封面、扉页、目录、设计内容及封底组成。其中室内设计内容部分，一定要注意整体逻辑。这是方案主题的解题思路，也是展现设计师的设计思路、实现设计目标、呈现设计成果的过程。基本内容包括：设计概念提出、方案解析及效果呈现。接下来讲解文本各部分内容的制作要点。

1. 封面

文本的封面内容包括设计主题、设计内容和设计师等信息，形式上多采用两种方式：第一种，纯文字设计；第二种：极简的文字、图片结合。文本封面的设计形式要遵循与内页的版式形式统一。纯文字的封面版式要注意文字的层级关系：一级标题文字相对字号更大，二级标题文字相对较小，三级文字最小。文字可以结合一些极简抽象的几何图形元素来丰富版式设计。同时添加底纹，可增加文本的质感。

图文结合形式多样，文字的内容和形式同上，图片的选择多考虑选用设计方案中最精彩的场景，能够引人入胜的画面，或者用与主题相关的元素组合成图片。

2. 扉页

扉页，也叫内衬页，是文本翻开后看到的第一页，扉页并不是必须有，它的存在能够给作品锦上添花，增加文本的典雅效果。扉页的设计一定要简洁明了，不可喧宾夺主。室内设计文本中的扉页，一般是设计主题的再精炼，或者采用提取到设计概念中的重要因素，可以是元素图形、材质符号等。

3. 目录

目录说明文本的内容结构，排版要注意文字的版式层级。

4. 设计内容

室内设计文本的设计内容即整个设计的过程图纸，内容上包含设计概念、方案解析和效果展示三部分。其中约70%为分析图，主要包括设计前期分析、设计中期分析、设计后期分析三部分。每个部分包含的可视化内容，如表6-1所示。

表6-1		居住空间分析图内容
设计过程	设计分析	设计可视化
设计前期	客户、建筑（朝向、光照、户型结构）、区位分析、设计主题	家庭成员需求分析图、建筑采光分析图、设计概念、区位分析图、空间问题及解决方法、墙体演变分析、空间可变性分析、生活模式分析
设计中期	效果图表现分析	效果图、彩平图、彩立图、剖立面、剖轴测、爆炸图、情境分析图等
设计后期	成果分析	功能分区图、空间流线、材料、色彩、灯具点位分析图、局部空间分析、收纳空间分析、空间变化模式分析等

设计前期可视化分析案例（图6-22、图6-23）：

设计中期可视化分析案例（图6-24~图6-28）：

设计后期可视化分析案例（图6-29~图6-31）：

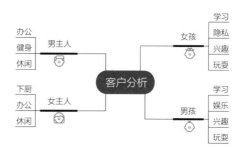

图6-22 用户分析

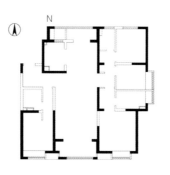

一、户型优势 Advantages
1. 方形空间，整体规整
The square space is overall regular
2. 采光良好，南北通透
The lighting is good from north to south
3. 空间基本满足四口之家生活
The space basically meets the living of a family of four

二、存在问题 Problems
1. 布局略显死板，中规中矩
The layout is rigid and decent
2. 承重墙较多，改造难度大
More load-bearing walls are more difficult to renovate
3. 解决收纳及合理居住问题
Solve the problem of storage and reasonable residence

图6-23 户型分析

图6-24 效果图展示

厨房
Kitchen

餐厅
Dining Room

次卫
Main Bathroom

主卧
Main Bedroom

工作阳台
Working Balcony

男孩卧室
Boy's Bedroom

次卫
Second Bathroom

女孩卧室
Girl's Bedroom

生活阳台
Living Balcony

图6-25 平面分析

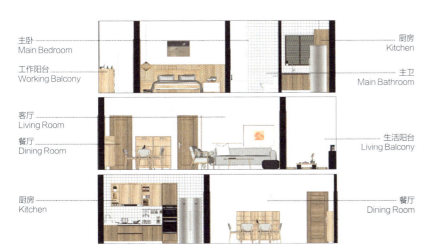

主卧
Main Bedroom

工作阳台
Working Balcony

客厅
Living Room

餐厅
Dining Room

厨房
Kitchen

厨房
Kitchen

主卫
Main Bathroom

生活阳台
Living Balcony

餐厅
Dining Room

图6-26 剖立面

餐厅
Dining Room

客厅
Living Room

女孩房
Girl's Bedroom

厨房
Kitchen

图6-27 轴测图

主卧
Main Bedroom

男孩房
Boy's Bedroom

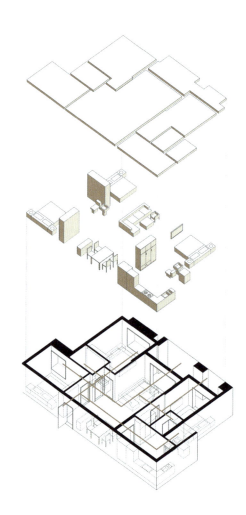

图6-28 拆解图

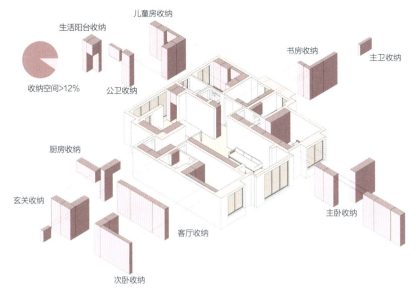

图6-29　收纳分析

以绿色及米色为主，打造清新、自然的空间

图6-30　色彩分析

❶ 吊灯　　❹ 电视柜

❷ 儿童椅　❺ 阅读灯

❸ 挂画

图6-31　软装分析图

5. 封底

封底是设计师封面设计创意的延续，在封底上延续封面的色彩和形式，实现首尾呼应。

第二节　建筑设计成果表达

一、效果图

建筑设计效果图分为两种：写实性效果图和非渲染效果图。

（一）写实性效果图

写实性效果图一般采用LUMION、Enscape等渲染软件进行制作，还会用Photoshop进行后期处理。制作写实性效果图需要五个方面的技巧。

1. 光影的细腻感

光影能表达建筑的情绪，具有强烈的氛围感和感染力。白天，光线十足，自然光在墙上形成斑驳的倒影；夜晚，昏暗的环境和明亮的灯光营造了浪漫的氛围。而雾天，阳光则透过雾气使环境若隐若现。这些都能够强化效果图的氛围感和质感（图6-32）。

图6-32　光影效果

2. 材质的真实感

写实性效果图主要由建模、渲染、后期三个步骤。写实程度取决于材质的真实感材质，在效果图制作时可以将"材质"细分为色彩、纹理、光滑度、透明度、反射率、折射率，凹凸度等（图6-33、图6-34）。

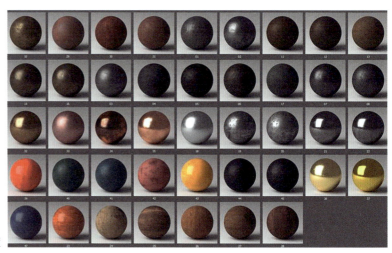

图6-33　不同质感的材质

图6-34　表现不同材质的效果图

3. 构图的形式感

构图之前一定要确定主题，这样才能把注意力引向想要表达的主体，让主题更鲜明更突出。构图常用的方法有中轴线构图、三角形构图、框景构图、非对称式构图、S形曲线构图。

（1）中轴线构图（图6-35）。这种构图使整个画面均衡地分成两个部分，其最大的特点就是平衡稳定，能够体现画面的对称性，但相对于其他构图形式而言缺少变化。

（2）三角形构图（图6-36）。以三个视觉中心为主要位置，三点连线形成一个三角形的构图方式。在画面中所表达的主体放在三角形中或者影像本身形成的态势，如果是自然形成线形结构，这时可以把主体安排在三角形斜边的中心位置上，以达到突破性的效果。

（3）框景构图（图6-37）。一般多应用在前景构图中，如利用门、窗、框架等构筑物作前景，来表达主体，阐明环境。这种构图符合人的视觉经验，使人感觉到透过门窗，来观看影像，产生现实的空间感和透视效果非常强烈。

图6-35　中轴线构图

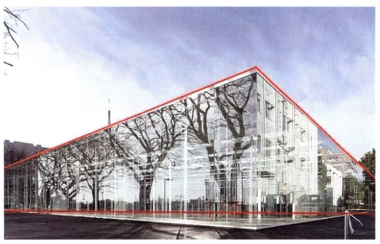

图6-36　三角形构图

（4）非对称式构图。这种构图形式主要用于表现效果图中需要突出主题的内容，以不平衡感来吸引观者的视线，达到突出主题的目的。

（5）S形曲线构图（图6-38）。这种构图方法是利用S形的曲线（如河流、道路）从前景到中、后景的延伸。通过使用有弧度的线条，让作品视觉具有生动感和空间感。这种构图具有延长、变化的特点，韵律感非常强，可以给人协调、优美的感觉。

4. 配景的完整感

效果图不仅是一张图、一张画，还讲述建筑与环境的关系。所以完整的配景和场景的搭建有助于营造效果图整体氛围，表现生命力，如植物、人物、天空、设施等（图6-39）。

5. 素材的高级感

做好景观设计，需要不断提高审美，丰富素材储备，高级的素材能够节省80%制作效果图的时间，提高绘图效率。

（二）非渲染效果图

非渲染风格的建筑效果图制图并不复杂，这类图纸可以给人活泼有趣之感，是制作效果图和小场景图不错的选择。这类图纸注重场景和氛围的表达。

下面介绍一个竹编博物馆项目的插画拼贴风格图纸制作步骤（图6-40）。由于该项目位于某传统村落，因此整体的图纸风格应与村落环境特点相匹配，更加适合一些轻松有趣的画风，因此采用插画拼贴风格制作。

第一步，SU模型底图导出。首先需要一份基础图纸，作为后续在Photoshop中进行处理的底图。其中最重要的一张是材质ID图（图6-41），可以通过"一键通道"插件获取，也可以将不同材质填充为不同的纯色，直接导出一张底图，这样的好处是远处的一些配景可以直接保留它在SU中的材质，节省后期时间。同时也可以导出一张线稿图纸，两者都是为了便于在Photoshop中快速创建材质选区。

图6-37　框景构图

图6-38　S形曲线构图

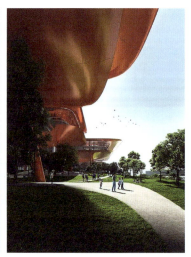

图6-39　添加了配景的效果图

图6-40 案例样图

图6-41 材质ID图

第二步，材质替换。接下来需要基于材质ID图，对图纸中的材质进行替换（图6-42）。如果对自己的色彩搭配不是十分自信，可以找一些插画色卡来作为参考，图纸的色彩往往奠定了图纸的整体风格，所以配色还是很重要的。

插画风格的效果图可以选择纯色，如果希望呈现更多细节，可以在纯色的基础上进行图案叠加。这里根据材质的不同，选择木纹、石材等肌理进行了图案叠加处理，初步整理出想要的配色效果。

第三步，阴影叠加（图6-43）。在效果图制作要点中，光影始终是建筑呈现的关键。接下来从模型中单独导出一份阴影图叠加到画面中，模式为正片叠底，可以根据图面效果调节不透明度。

第四步，添加配景（图6-44）。阴影叠加后，图面效果已经初步呈现出来，接下来需要补充一些配景。利用植物笔刷完成大面积的远景植物种植，同时补充背景天空，再使用插画风格的植物使效果图近景处的植物更为鲜活亮丽。此外，还需要添加一些插画风格的人物和动物，需要注意近大远小的尺度关系，同时，人物的行为动作应与空间功能相吻合。

图6-42　材质替换效果示意

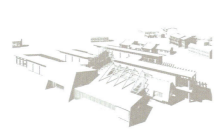

图6-43　阴影叠加效果示意

图6-44　添加配景效果示意

图6-45　整体调整效果示意

第五步，整体调整（图6-45）。完善一些细节。同时，图纸色彩、饱和度等方面，可以根据排版时的整体图面效果进行适度调节，还可以使用PS中的添加杂色或颗粒滤镜，提升画面质感。

二、成果表达类分析图

建筑设计成果表达类分析图更多是对于各个方面方案结果进行分析和效果展示，涵盖了方案成果从整体到细节的各个方面。表达效果在满足生动全面的同时，对图形绘制和信息表达的准确性有着较高的要求。常用的有技术性图面表达，如平面图、立面图、剖面图、轴测图等。需要注意的是，虽然成果表达类分析图需要全面完整地反映设计成果信息，图纸数量较多，但依然需要通过对比或强调的方式，突出设计理念和方案特色，不要面面俱到地"为了绘图而绘图"。

建筑拆解分析图的制作步骤如下。

第一步，SU模型整理，视图为平行投影，固定视角后将需要拆解的建筑结构拆分好，固定好位置后导出PDF格式文件以备使用（图6-46、图6-47）。

第二步，制作底图（图6-48）。在PS中将皱纹纸素材叠加进蓝色背景图片中，使用"正片叠底"图层模式，保存一张底图以备使用。

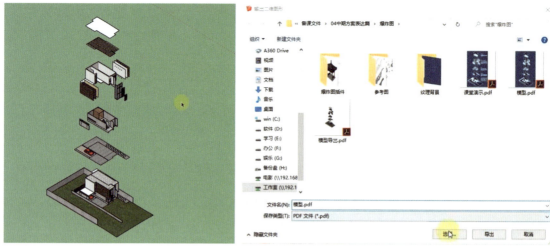

图6-46　SU模型整理　　　　　　　　　　图6-47　导出PDF格式文件

　　第三步，AI绘制（图6-49）。将做好的底图和模型导出PDF文件都放入AI，锁定底图，调整模型的大小位置，导入参考图并锁定，使用吸管工具进行吸色填色，直到完成所有色块的填充（图6-49、图6-50）。

　　第四步，绘制连接线条（图6-51、图6-52）。新建图层，使用直线工具绘制连接线，并调整为虚线状态，再修改线宽和颜色，做好第一条连接线后其他的可以用复制粘贴的方法制作。再使用剪切工具将被建筑遮挡部分的线条删去，处理好前后的遮挡关系。

　　最后用文字工具标注文字，整体调色出图即可（图6-53）。

图6-48　制作底图

图6-49　导入AI绘制

图6-50　色块填充

图6-51　绘制连接线条

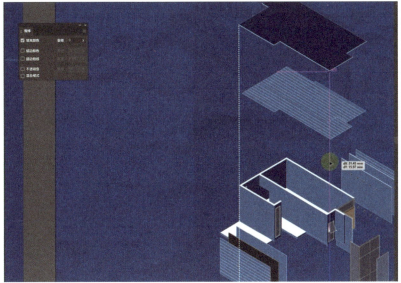

图6-52　注意前后遮挡关系

图6-53　最终效果示意

第三节　景观设计成果表达

一、彩色平面图

在景观设计的项目展示、课程作业或者竞赛中，彩色平面图是必备图纸之一。在目前比较主流的图纸类型和风格中，彩色平面图制作要点为：①首先，主次分明，突出关键区域。②其次，画面整体饱和度偏低、低对比、灰色调。③最后，空间关系上，以简单明了的方式来展现场地空间关系。以下是景观平面图的制作步骤。

（一）AI软件处理线稿

首先准备好线稿的CAD文件；其次打开AI，新建一张画布，选择A4大小；再次将画布方向改为横向，最后点击创建即可。这样线稿已经导入AI软件中，之后需要在AI软件中对线条做调整（图6-54）。

通过描边工具将线稿中的线条改得稍微细一些。这里线稿在CAD中绘制时，已经提前分好图层，这样再导入AI时，软件就会自动识别，也会按照CAD的图层分好。找到底稿的图层，将整个图层的线宽改为0.25。再对等高线图层进行调整，先选中等高线图层里面的所有内容，然后将线宽加粗，数值改为1，再将端点和边角都改为圆头，虚线选项勾选上，虚线和间隙的数值都改为2。这样AI软件中的线稿就处理好了（图6-55）。

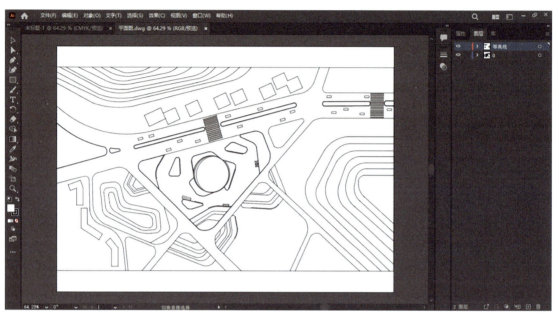

图6-54　AI软件处理线稿

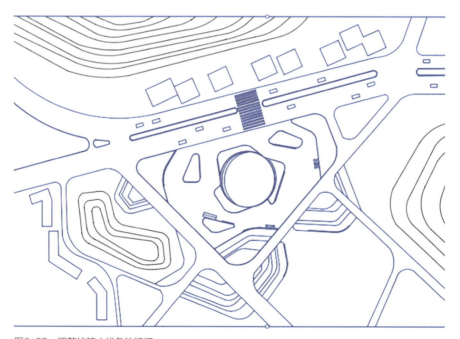

图6-55　调整线稿中线条的粗细

（二）PS填充色块，建立选区

打开PS，新建一个文档，方向选为横向，点击创建。接着回到AI界面，先全选底稿图层，然后直接将其拖拽至PS中。

接着建立选区，填充颜色（图6-56）。新建一个图层，命名为"绿地"。在左侧颜色面板中选择绿色，接着在画面中直接点击绿地部分即可。再新建一个图层，命名为"道路"，再填充道路部分。其他区域，如硬地、休闲区、建筑、座椅、汽车等，按照同样的操作分别建立图层填充色块。

图6-56 填充色块

（三）填充材质

填充颜色建立选区后，需要不同区域添加不同的材质，让画面看起来更有质感。先填充绿地的部分，找到一张草地的贴图，然后直接拖拽到PS中，再复制几张，铺满画面。在右侧图层面板的下方找到添加图层蒙版，点击一下就赋予到绿地里了。由于素材颜色比较显眼，需要再调整绿地部分的饱和度和色彩平衡（图6-57、图6-58）。

把刚才在AI当中的等高线拖拽至界面。现在等高线的颜色是黑的，需要进行反相（Ctrl+I），将线稿变为白色（图6-59）。

图6-57 填充材质

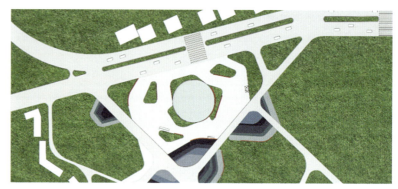

图6-58　调整饱和度和色彩平衡

图6-59　等高线色彩反相

（四）添加植被、人物

先找到提前准备好的素材树，直接拖拽到画面中，然后缩放到合适大小，需要将树铺满整个绿地部分。树看起来饱和度比较高，可以通过降饱和度和提高亮度使树木融入绿地中。还可以降低图层的不透明度，让植物和图的融合性更好。在此基础上再添加一种树，让画面有些变化，这里也可以通过降低饱和度与提高亮度来区分与另一种树的变化（图6-60）。

接着添加人物素材，将提前准备好的俯视角度的人物素材拖拽至新的界面。按住Ctrl键，点击图层缩览后建立选区，接着新建一个图层并填充黑色（图6-61）。

直接将人物拖拽至做好的界面中，把图层的不透明度降低，然后还是按照刚才处理树操作，用混合器画笔工具吸取人物作为笔刷，在画面中心的区域散布放置一些人物即可（图6-62）。

接着再为树、建筑、座椅、汽车及人物添加投影，为画面增加立体感。双击所要添加投影的图层，然后勾选里面的阴影选项，其他设置可以根据投影在画面中的实际效果再调整（图6-63）。

图6-60　添加植被

图6-61　人物画笔建立

图6-62　添加人物素材

图6-63　添加投影

（五）整体调整

现在画面的部分已经制作完成，下一步需要对所有图层进行盖印（Shift+Ctrl+Alt+E），然后在周边区域添加一些云彩的配景。这里可以用到画笔工具，选择一个合适的云彩笔刷，把笔刷的不透明度和流量都降低再绘制。最后使用菜单栏中的滤镜——Camera Raw滤镜，做最后的调整，完成绘制（图6-64、图6-65）。

图6-64　整体调整

图6-65　效果示意

二、效果图

景观设计的效果图和建筑设计的类似，也可以分为两种——写实性和非渲染型。写实性效果图一般采用LUMION软件进行制作，还会用PS进行后期处理；非渲染效果图则使用SU软件建模，导出图片后再用PS进行编辑和处理。

下面介绍非渲染风格景观效果图制作步骤。

（1）SU导图。使用"一键通道插件导出"线稿、阴影、材质3张图片备用（图6-66）。

材质　　　　　　　　　　线图　　　　　　　　　　阴影

图6-66　SU导图

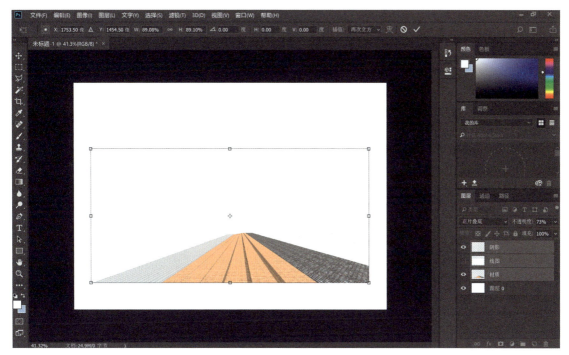

图6-67　Photoshop处理导图

　　（2）使用Photoshop处理。将材质、线稿、阴影3张图放入Photoshop，材质和线稿白色部分用魔棒工具删除，背景白色锁定，阴影图层"正片叠底"模式（图6-67）。

　　构图调整，按中心点缩放，边缘留白。地面材质裁剪，增加趣味性，打破地平面（图6-68）。

　　（3）制作远景。拖入远景植物素材，删去天空，橡皮擦除硬边和多余物体，饱和度降低，色彩平衡调整为偏冷一点，使两张植物素材更融合（图6-69）。

　　（4）添加建筑素材。拖入建筑素材，抠图，拉伸透视，删去多余部分，饱和度降低，亮度升高，色阶调白升高（图6-70）。

　　（5）植物素材添加（图6-71）。拖入素材，加深减淡（亮暗面），制作阴影，正片叠底，透明度降低，滤镜（动感模糊）。

　　（6）纹理背景的叠加，丰富整体画面，可多叠加几层，调整素材为"去色"状态，透明度降低（图6-72）。

　　（7）添加人物与配景，饱和度降低，透明度降低，阴影的制作方法与植物的一样，使用正片叠底图层模式，拉伸透视角度，透明度降低，添加配景，如飞鸟等。

图6-68　地面材质裁剪

图6-69　制作远景

图6-70　添加建筑素材

图6-71　添加植物素材

图6-72　叠加纹理背景

（8）整体调色。滤镜-Camera Raw滤镜进行色彩、饱和度、曝光度等参数的最后调整，使效果图的风格更加凸显（图6-73、图6-74）。

图6-73　添加人物与配景，整体调色

图6-74　成图效果示意

三、ASLA经典材质主义剖透视图

（1）线稿导入填充色块。SU模型导入线稿，填色选区，便于后面进行选择（图6-75）。

（2）绿地材质制作。拖入素材，加黑色蒙版，增加细节，拖入细节素材，剪贴蒙版，透明度调整，整体调色（图6-76）。

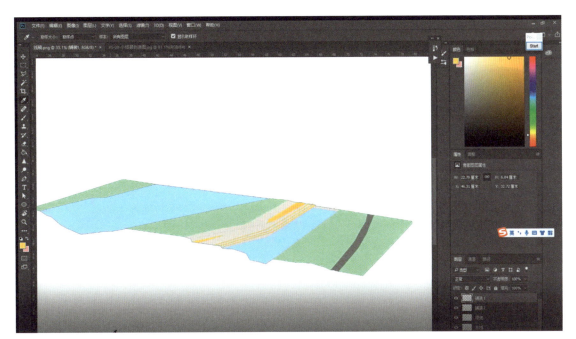

图6-75　线稿导入填充色块

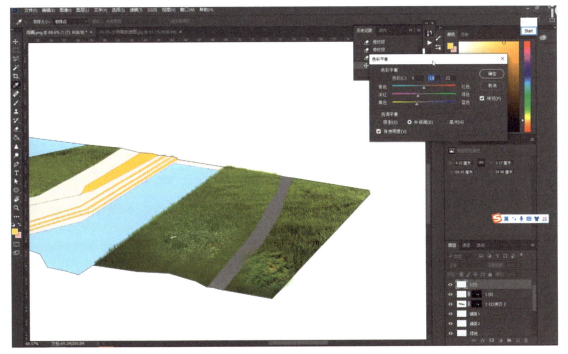

图6-76　绿地材质制作

（3）地面铺装制作。滤镜-添加杂色，给图层添加投影效果（图6-77）。

（4）水域制作。拖入素材，加黑色蒙版，叠加素材，选择图层模式，透明度调整，整体调色。注意侧面水底的贴图和颜色选择（图6-78）。

（5）制作侧边的剖面线和阴影纹理。剖面线用钢笔工具绘制，阴影先用框选工具画出轮廓，再用图层模式的纹理进行填充（图6-79）。

（6）添加植物素材，注意与草地的衔接，调色，制作投影（图6-80）。

（7）将所有图层打成组，复制一组至右上角，添加图标和文字素材。整体色调调整，出图（图6-81）。

图6-77　地面铺装制作

图6-78　水域制作

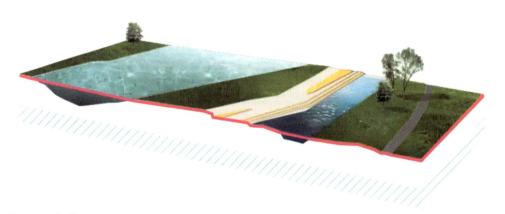

图6-79　剖面线和阴影纹理制作

图6-80　添加植物素材

图6-81　成图效果示意

四、景观大场景剖面图

在没有基础SU模型的情况下，也可以制作出剖面图。需要先在Photoshop中用钢笔工具绘制一条剖面线（图6-82），之后再进行以下步骤。

（1）处理背景植物素材。删除天空，用橡皮擦除硬边，合并，饱和度降低，明度升高，色调调冷，透明度降低，色阶白一点（图6-83）。

（2）制作草地。草地素材加白色蒙版，用黑色笔刷画出过道位置，将草地素材调整为黄绿色调。饱和度降低，明度升高（图6-84）。

（3）配置植物。远景树：透明度降低。中景树：滤镜-渲染，云杉，叶子大小、数量调整，透明度降低。灌木丛：透明度降低。近景树：银杏/榉树，饱和度降低明度升高黄绿色调，加深减淡作出光感（图6-85）。

（4）制作桥和水体：扣取选区填色，贴图加黑色蒙版（图6-86）。

（5）制作天空。拼接天空素材，仿制图章微调，饱和度降低，明度升高色阶白一些，曲线亮一些，色彩平衡偏蓝一些，加白色蒙版用黑色柔边笔刷，把蓝天部分擦除（图6-87）。

（6）添加人物和文字说明。直接用人物笔刷或添加素材都可以。添加植物图片标注，使用剪贴蒙版作出圆形，添加文字说明。使用Photoshop自带的Camera Raw滤镜整体调整，出图（图6-88、图6-89）。

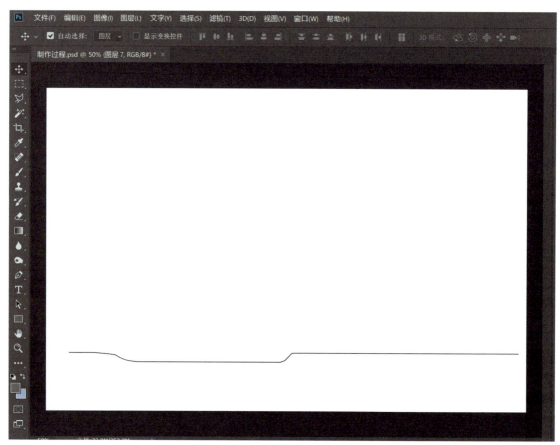

图6-82　绘制剖面线

景观设计文本、作品集和展板的制作方法与居住、建筑设计的类似，在此不做赘述。

图6-83　背景植物素材处理

图6-84　草地制作

图6-85　植物配置

图6-86　桥和水体制作

图6-87　天空制作

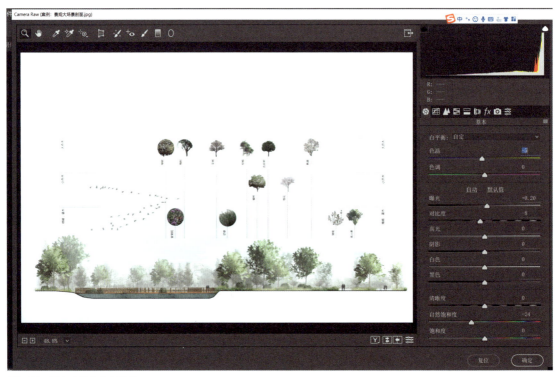

图6-88　添加人物和文字说明

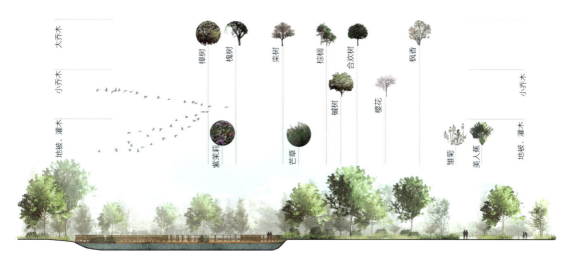

图6-89　成图效果示意

本章总结

　　环境设计成果表达类图纸是整个设计方案流程的最后一环，也是对设计项目的整体性表达，需要全方位地展示设计思维过程及成果，用专业、美观的设计图示语言讲解设计过程及空间本质。成果表达的形式包括但不限于彩色平面图、效果图、成果表达类分析图、展板、文本、视频、实体模型等。随着科技发展，全息影像、VR技术等设计展示方式能够更好地辅助设计成果的表达。作为环境设计专业学生需要学习和掌握设计成果表达的方法与技巧，但又不能囿于机械化的技巧，更应提升科学逻辑思维和审美素养，才能使得设计表达更加贴合场地特点、更有风格特色。

课后作业

　　（1）阐述展板的构成要素，以及展板制作的步骤。
　　（2）模仿并绘制现代工业风客厅、室内拼贴风效果图、室内彩色平面图、拆解分析图。
　　（3）模仿并绘制非渲染风格景观效果图、ASLA经典材质主义剖透视图、景观大场景剖面图。

思考拓展

　　设计成果表达是环境设计专业学生和设计师都非常重视的一部分内容，请思考如何能够更好地表达和呈现设计成果，如何在设计思维流动的过程中融入对于成果的表达？

课程资源链接

课件、拓展资料

第三部分

环境设计可视化
项目解析

第七章 案例分析

对于环境设计可视化表达与分析的讲解，并非要求设计者绘出无比惊艳的分析图式，而是需要了解如何将各类风格迥异、特色鲜明的图式整合，结合理性的设计逻辑，并最终实现方案分析和设计过程的有机结合。绘制图纸的过程也是不断反思设计、继而持续思考、推动设计逐步深入的过程，这也是本书所重点强调的。

基于此，本章在综合前面各类设计表达类型及分析图式的基础上，选取不同类型设计案例，进一步解析分析图式在设计表达中的应用。通过对案例中与设计流程、思考过程、分析流程、设计表达紧密结合的设计可视化形式解读和剖析，读者应能对环境设计的可视化表达有一个更加全面整体的认知和感悟。

第一节 住宅空间设计可视化项目解析

项目一："三孩成长计划"——三孩家庭 · 全生命周期 居住空间设计

该设计是上海杉达学院环境艺术设计大二年级可视化设计课程的作业。空间以"三孩成长计划"为主题，从业主的定位出发，考虑到随着时间推移家庭成员的变化，设计居室空间的灵活变动，体现了学生对于空间方案的思考和探索。整个文本的构成包括封面、扉页、目录、设计前期调研分析、设计概念、设计呈现以及剖析、封底等。整个文本的设计采用统一的蓝色系作为主色，调性一致。

前期调研分析图表丰富，创作者对业主情况进行了深入的分析，分别从社会背景、多孩家庭现状、家庭成员、多孩家庭居住需求方面展开调研，挖掘业主的潜在需求，为后面的设计概念提出提供了充实的论据（图7-1）。第二部分在概念定位中提出了全生命住宅周期的三个设计要点：可变性设计、可持续性设计、居住空间设计。同时，进一步分析了三个不同年龄阶段孩子的需求。结合案例研究，确定设计意向。第三部分设计篇，对三个不同时期包括现阶段、三年后、六年后进行了平面布局，并分析了变化。平面图主要采用扁平化的形式，以清新的蓝色、灰色来进行彩平设计，并在后期图纸中延续了这一色系，实现分析图基本色调的统一性（图7-2～图7-4）。

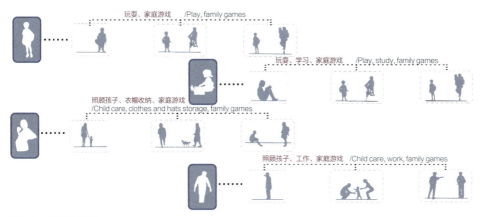

玩耍、家庭游戏 /Play, family games

玩耍、学习、家庭游戏 /Play, study, family games

照顾孩子、衣帽收纳、家庭游戏
/Child care, clothes and hats storage, family games

照顾孩子、工作、家庭游戏 /Child care, work, family games

图7-1　人群需求分析

现阶段 功能区		Current functional area
01	主卧	Master bedroom
02	女儿房	Daughter room
03	男孩房	Boys' room
04	玄关	Porch
05	衣帽间	Cloakroom
06	厨房	kitchen
07	阳台	balcony
08	餐厅	restaurant
09	阅读空间	Reading space
10	玩耍空间	Play space
11	玩耍活动空间	Play space
12	卫生间	TOILET

图7-2　现阶段平面方案

三年后 功能区		Functional area in three years
01	主卧	Master bedroom
02	女儿房	Daughter room
03	小儿子房	Youngest son's room
04	玄关	Porch
05	大儿子房	Eldest son's room
06	厨房	kitchen
07	阳台	balcony
08	餐厅	restaurant
09	阅读空间	Reading space
10	玩耍空间	Play space
11	客厅	living room
12	卫生间	TOILET

图7-3　三年后平面方案

六年后	功能区	Functional area in six years
01	主卧	Master bedroom
02	女儿房	Daughter room
03	小儿子房	Youngest son's room
04	玄关	Porch
05	大儿子房	Eldest son's room
06	厨房	kitchen
07	阳台	balcony
08	餐厅	restaurant
09	阅读空间	Reading space
10	会客厅	Reception room
11	客厅	living room
12	卫生间	TOILET

图7-4　六年后平面方案

📎 资源链接：项目一："三孩成长计划"——全生命周期居住空间设计文本（完整版）

效果图的设计采用SU+Enscap渲染图，再用Photoshop拼贴上人物两种方式相结合，整体呈写实性风格（如图7-5）。空间设计现代简约、色调温暖，效果图表现细腻丰富，儿童空间中都采用充满活力的亮色点缀。

图7-5　现阶段和六年后客厅效果图

项目二："缃帙"——住宅设计

这套文本设计采用深色底浅色字、浅色图的方式来呈现。这也是排版设计中常用的第二种形式。大多数的文本设计多为浅色底上来排版，而深色底相较于浅色底更加具有设计感。在这个项目文本中深灰色带纹理的底色，加上白色为主的文字、图纸，阅读起来耳目一新，凸显格调。

文本内容包含三部分：设计概念、方案解析和效果展示。深色底图上的图纸减弱了体块感，更强调线条感。在文本上结合了"书卷"翻页的动态画面，封面封底首尾呼应，深浅对比，让文本阅读轻松不压抑（图7-6）。

⌾ 资源链接：项目二：缃帙——住宅设计（完整版）

图7-6　文本封面封底

第一部分设计概念中从客户分析、理念构想、材料意向、色彩分析、空间层次分析以及墙体演变（图7-7）等方面进行解析，抓住主题背景特点和用户新的需求特点，将住宅空间与室外空间的联结、居家办公等作为设计要点。

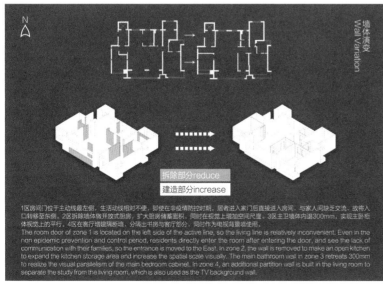

图7-7　墙体演变

第二部分解析中，从视线分析、动线分析、收纳分析、日照采光分析四个角度，呼应主题，考虑客户对于居家活动、房屋通风采光、囤物、储藏空间等各方面的需求，提出平面布局设计方案。彩色平面布局图中绿灰色调与文本背景色呼应，整体感很强（图7-8）。

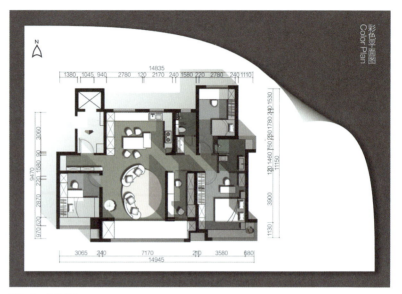

图7-8　彩平图

后读方案解析中，从地面铺装、灯光分析、单体空间分析、重点立面图（图7-9）、空间功能变化等方面展开分析。材质运用、空间基调、轴测图风格等分析图纸与整个文本调性保持高度一致。

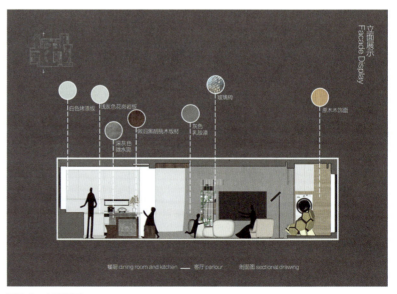

图7-9　立面展示

第三部分效果展示中，主要呈现各个空间效果图和软装家具。效果图采用写实风格，注重了材质质感与光影氛围的营造，空间大气、调性统一（图7-10）。

图7-10　客厅效果图

资源链接：

项目三："沐居"——多子化背景下的住宅设计（展板）

项目四：悦享暮年——连锁店模式养老空间设计探索（展板）

项目五：隐士三境——单身女性公寓设计（展板）

第二节　小型建筑设计可视化项目解析

项目名称：又见青山·睦舍趣居——文旅融合视角下乡村亲子民宿设计（图7-11～图7-14）

本项目位于广西壮族自治区桂林市阳朔县旧县村，阳朔县历史悠久，基地原建筑面积约为90平方米，该建筑为一层楼式的木结构建筑。此建筑现作为民居使用，结构保存完好，但存在整体布局构造略显狭小且缺乏文化特色与趣味性、空间功能欠完善等问题。本项目在文旅融合的大背景之下，为了更好地体现民宿的实用性、文化性与趣味性，在提高民宿的情感温度，传承文化理念与魅力的同时，力求实现对建筑资源的充分利用，同时探索亲子民宿的设计方法，传承当地的文化特色，应对文旅体验需求，彰显自然与人文活力。

（1）设计主题与元素提取。展示山川蜿蜒的图片，并绘制出提取的元素线条纹样，再展示设计意向图进行设计主题的说明（图7-11）。

（2）建筑总平面图（图7-12）。

（3）室内空间分析。通过一张占据较大篇幅的写实性效果图模拟展示空间的真实状态，右侧以插画风的轴测图表现人与空间的互动关系和人在空间中的行为，添加意向图和文字（图7-13）。

（4）效果图展示。在文本中展示效果图时，需要将效果图尽可能放大，并在图片一角放置总平面图并标明此张效果图的展示视角或所在位置，便于人们识图。同时，一套文本中的效果图，在色调和风格方面要有"套图"意识，尽可能使所有效果图的风格和谐统一（图7-14）。

资源链接：案例完整文本解析

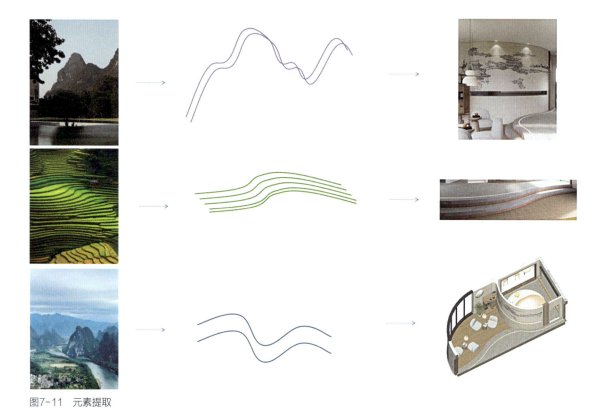

图7-11 元素提取

01	主入口	Main entrance
02	民宿主体	Home stay subject
03	下沉休息区	Sinking rest area
04	花园小景	Garden View
05	娱乐沙坑	Entertainment bunker
06	厨房区域	kitchen area
07	露天影院	open-air movie theatre
08	露天休息区	Outdoor rest area
09	次入口	Secondary entrance

图7-12 建筑总平面图。利用SU模型平行投影俯视图导出二维图形以获得建筑部分图片，再利用Photoshop进行草地和植物的添加和色调、纹理的处理，加入功能区域的文字说明和对应序号

儿童体验区

室内娱乐体验区，亲子可在体验区里体验简易烘焙，当地传统蜡染、苗银等。
室内空间可作为兴趣课堂教育、烘焙体验、传统文化体验、亲子阅读使用

In the indoor entertainment experience area, parents and children can experience simple baking, local traditional batik, Miao silver, etc.Indoor space can be used as; Interest, classroom education, baking experience, traditional culture experience, parent-child reading

儿童智力开发
Children's intelligence development

室内玩耍
Indoor play

亲子阅读
Parent child reading

文化体验
Cultural experience

儿童厨厨乐
Children's kitchen

图7-13　室内空间分析

图7-14　效果图

第三节　景观设计可视化项目解析

项目名称：长沙梅溪湖梅岭公园景观设计（图7-15~图7-17）

本项目为奥雅景观设计公司设计的长沙梅溪湖梅岭公园景观设计。梅岭公园山地高差和面积优势使其成为长沙梅溪湖北部区的重要绿地资源，在规划结构中将成为梅溪湖国际新城区居民日常休闲活动空间的重要节点。设计目标为打造结合自然体验和文化运维的互动式开放山林公园，展示城市新风貌，创造独特而现代的城市风格，吸引人流并满足不同人群活动需求，平衡商业和住宅发展。

🔗 资源链接：长沙梅溪湖梅岭公园景观设计文本

整体项目的主色调为蓝绿配色，整个文本中一直贯穿色彩的呼应，整套图纸以写实为主，表现性为辅，写实性彩色平面图和拼贴风效果图穿插排布，整体图纸美观、统一、和谐，文本逻辑流畅清晰。

图7-15　景观设计概念

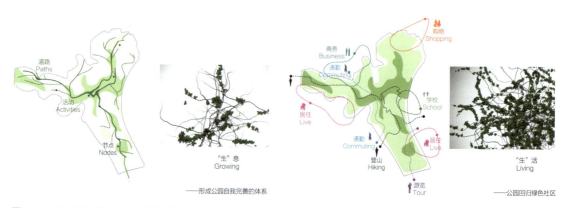

图7-16　景观设计概念推导。提出"生机、生长、生息、生活"四个景观设计概念，辅以能够说明概念的图示语言，用不断生长的树枝树叶表达公园景观的蓬勃发展，激活公园活力

图7-17　景观总平面图。总平面图采用卫星地图作为底图，叠加彩色材质的方式呈现，总体风格偏写实，再加上说明文字和图例补充解释，能够较明确地展示对于场地的设计思路

　　分区详细设计策略及效果展示：延续与彩色平面图同样的风格和色调，采用写实风格表现分区平面和节点效果图或意向图（图7-18）。

图7-18

　　标识系统设计、家具系统设计、物料铺装改造设计都采用基础建模或意向图的表现展示形式，并标注其在平面图上的位置（图7-19、图7-20）。

图7-19 标识系统设计

一级标识 ◎ 二级标识 △ 三级标识 □ 停车标识 P

一级标识 □

二级标识 ◢

三级标识 ▣

停车标识 P

图7-20 设计总结/公园运营策略。进行设计总结，采用与文本色调一致的色块加上关键词和意向图进行表现

本章总结

本章在综合前面几个章节各类设计表达类型及分析图式的基础上，选取不同类型设计案例，展示了环境设计可视化图纸在设计表达中的应用过程，并对案例中设计流程、思考过程、分析流程、设计表达的设计可视化形式进行解读和剖析。

希望本章所呈现的案例和其中涉及的图式类型分析能够引起读者的思考，推动和完善对于设计构思、图式分析和设计成果表达的理解与研究。

课后作业

（1）请分析住宅空间可视化项目文本需要包含哪些内容？

（2）请说明小型建筑效果图的方案文本可视化表达可以采用哪种形式？

（3）请说明景观设计案例中的专项设计可以分析哪些方面的内容？

思考拓展

设计案例分析主要涉及对设计理念、功能布局，以及设计表达等方面的综合性活动。通过案例分析，可以全面而深入地理解设计作品，从而汲取灵感，提升自己的设计能力和创意水平。请思考如何能够更好地体现设计思维和逻辑，以及不同的设计内容应该适配什么样的表达方法？

课程资源链接

课件、拓展资料

参考文献

[1] 赖伟成. VR技术在城市建筑环境设计中的应用研究[J]. 美与时代（城市版），2022（01）：25-27.

[2] 张黎建. 关系·图示·形象——从某银行建筑设计析建筑创作过程[J]. 宁波大学学报（理工版），1999（01）：63-68.

[3] 吴小华. 关于手绘和电脑室内设计效果图的探讨[J]. 美术大观，2012（04）：166-167.

[4] 曹正伟，邓宏，贾祺. 观照欲望与图示概念——传统建筑图示中的视角分析[J]. 重庆建筑大学学报，2007（04）：17-21.

[5] 王罡. 环境艺术专业建筑设计教学中的图示思维能力培养[J]. 艺术百家，2009，25（S1）：59-60+37.

[6] 蒙小英. 基于图示的景观图式语言表达[J]. 中国园林，2016，32（02）：18-24.

[7] 蒋晨煜，何源. 建筑设计中的图示思维表达[J]. 城市建筑，2014（02）：13.

[8] 陈世圣. 景观图示表达工具的规范化应用研究[D]. 西安建筑科技大学，2012.

[9] 马沁沁. 论国内建筑效果图与实际建造之间的差异[D]. 天津大学，2012.

[10] 何源. 妹岛和世建筑设计作品中的图示思维表达[J]. 中国建材科技，2014（05）：171+173.

[11] 董雅，张全. 视觉图示语言的共生性——论建筑与绘画艺术[J]. 装饰，2006（05）：9-10.

[12] 张津悦，杨昭明. 图示思维的意义及其在建筑设计过程中的作用[J]. 城市建筑，2014（02）：8.

[13] 杨光明. 园林景观设计中计算机园林效果图的运用分析[J]. 中国园艺文摘，2014，30（04）：144-145.

[14] 王宇洁. 纸面上的世界——建筑设计过程中的图示表达[J]. 华中建筑，2005（05）：71-74.

[15] 钟丽颖. 浅论建筑模型设计与制作未来的发展趋势[J]. 现代营销（学苑版），2011（07）：262-263.

[16] 乐康，王方戟. 跳跃在概念与细节之间的草图[J]. 室内设计，2010，25（01）：3-6.

[17] 黄艺. 谈景观设计快速推演的教学探索[J]. 现代装饰（理论），2013（01）：99-100.

[18] KRUM R. 可视化沟通——用信息图表设计让信息说话[M]. 唐沁，周优游，张璐露，译. 北京：电子工业出版社，2016.

[19] 保罗·拉索. 图解思考——建筑表现技法[M]. 3版. 北京：中国建筑工业出版社，2013.

[20] 李光前. 图解，图解建筑和图解建筑师[D]. 上海：同济大学，2008.

[21] 潘天. 体验+图解——基于现象学的设计过程研究[D]. 华中科技大学，2011.

[22] 詹姆斯·斯蒂尔. 当代建筑与计算机——数字设计革命中的互动[M]. 徐怡涛，唐春燕，译. 北京：中国水利水电出版社，2004.

[23] 胡友培，丁沃沃. 彼德·艾森曼. 图式理论解读——建筑学图式概念的基本内涵[J]. 建筑师，2010（04）：21-29.

[24] 胡友培，丁沃沃. 安东尼·维德勒图式理论解读——当代城市语境中的建筑学图式[J]. 建筑师，2010（05）：5-13.

[25] 保罗·拉索. 图解思考[M]. 邱贤丰，刘宇光，译. 北京：中国建筑工业出版社，1998.

[26] 王云才. 传统文化景观空间的图式语言研究进展与展望[J]. 同济大学学报（社会科学版），2013，24（01）：33-41.

[27] 王云才，韩丽莹. 景观生态化设计的空间图式语言初探[C]//中国风景园林学会. 中国风景园林学会2011年会论文集（上册）. 中国建筑工业出版社，2011: 573-579.

[28] 戴代新，袁满. C·亚历山大图式语言对风景园林学科的借鉴与启示[J]. 风景园林，2015（02）：58-65.

[29] 朱文一. 空间·符号·城市：一种城市设计理论[M]. 北京：中国建筑工业出版社，2010.

[30] 于建辉，李颖. 从概念到形式——论室内设计方案表现的叙事性和美感[J]. 艺术研究，2021（06）.

[31] 何浩. 建筑室内设计分析图表达[M]. 北京：中国水利水电出版社，2017.

[32] 周忠凯，赵继龙. 建筑设计的分析与表达图式[M]. 南京：江苏凤凰科学技术出版社，2018.